你怎麼看待時間，決定你成為哪種人

1000位世界頂尖領導人的時間觀

世界トップリーダー
1000人が実践する時間術

谷本有香——著
黃瑋瑋——譯

掌控「時間」者，掌控商機。

世界頂尖領導人

將一分鐘以六十秒、一小時以六十分鐘、

人生以三萬天來思考。

因為，

為了人生的最終目標，他們「珍惜每一刻」。

了解時間的真正價值，
把握並享受每一刻。
今天能夠完成的事不要拖延到明天。

——英國政治家　查斯特菲爾德（Philip Chesterfield）

世界頂尖領導人
不會被「時間」追著跑。
因為，他們「支配著時間」。

時間是最珍貴的資源。
如果不能管理時間，
就無法管理其他的事。

——現代管理學之父　彼得・杜拉克（Peter F. Drucker）

世界頂尖領導人知道
「把時間變成伙伴」的方法。
因為，他們充分享受人生。

最忙的人擁有最多的時間。

——神學家　維內（Alexandre Vinet）

作者序

初次見面，我是谷本有香。

非常感謝您閱讀這本書。首先，向讀者做個簡單的自我介紹。

我曾經在證券公司工作，之後在商業、財經的專業資訊公司「彭博財經電視臺」（Bloomberg TV）及同樣是財經新聞臺的「日經CNBC」等，擔任經濟評論員及解說員。

除了每日分析、傳達市場及經濟狀況外，還負責「社長訪談」的專題，並採訪國內外的經濟座談會，也曾以座談會主持人及專案小組成員的身分登上講臺。同時以新聞工作者的觀點，給企業提供建議。在這些活動當中，我見到了許多世界知名人士＝「頂尖領導人」，並得以直接與他們談話。

我採訪過包括：東尼・布萊爾（Anthony Charles Lynton Blair，英國前首相）、霍華・舒茲（Howard Schultz，星巴克股份有限公司〔Starbucks Corporation〕董事長兼執行長）、吉姆・羅傑斯（Jim Rogers，國際著名投資家）、柳井正（迅銷集團〔Fast Retailing Co., Ltd.〕，董事長兼社長）、永守重信（日本電產〔Nidec Corporation〕，董事長兼社長）等名人，大約十年的期間，人數超過一千人。

有創業家、投資家、政治家、學者、專家……真的見到了許多知名人士。在這本書中所提到的「頂尖領導人」，不論是頭銜、國籍或是年齡，都非常多樣化。

「Time is on my side」＝時間永遠是我的伙伴

活躍在世界這個舞臺上的「頂尖領導人」都有一個共通點，就是對於「時間」概念是有想法的。

比任何人都還要忙碌地工作、比任何人更有「想要見一面」的渴望、比任何人都堅持「想要學習」這種求知欲的他們，一生都深切地感受到時間的重要性，然後了解到自己的時間有多少價值。

就是因為對自己有自信，所以能夠體認到「對於（今後也會成就某事的）世界而言，自己重要的時間有非常大的價值。因此，必須盡可能有意義地去利用人類被公平給予的時間」這樣的使命感。

因此，他們對於時間的態度，相似到令人驚訝。

在這裡想請教大家一個問題。

「Time is Money」＝時間就是金錢。

這句諺語的意思是，「時間是和金錢一樣重要的東西，必須非常珍惜地去使用它」。雖然是大家經常聽到的一句話，但真的是這樣嗎？

「頂尖領導人」他們也是這麼想的嗎？

事實上，時間不但無法用金錢買到，也無法從別人那裡「借用一下喔」來借到。

當然，我們可以藉由雇用有能力的人、乘坐計程車、使用方便的工具等「縮短時間」的方法，來「買到」看似可以為自己所用的時間。但是，那也並不是「用一萬日圓可以買一小時」這般確實的交易。也就是說，時間並不是像金錢一樣是那麼簡單就可以交換的東西。

時間等同是那個人的生命。

在某種意義上，比金錢還要有價值。

然而，他們認為「支配時間的是自己」。

若是要清楚明確地表達「頂尖領導人」對時間的態度，

「Time is on my side＝時間永遠是我的伙伴」

這句話相當貼切。

一忙起來，我們往往會不自覺地被時間追著跑地行動，但是他們絕對不會被時間追著跑。因為他們相信「只有能夠支配時間，讓時間成為自己伙伴的人，才能完成自己應該做的事」。這已經超越了「Time is Money」。

當然，他們也不是很輕易就能有這樣的想法。

據我所知，許多的「頂尖領導人」在年輕時也被時間追著跑，而且還有過「沒命」地工作的時期。可以說，也是有過跟大家相同的這種時期。

但在某個階段時他們意識到，如果總是被迫在眉睫的「限度＝時間」緊逼，理想不可能會實現。於是，他們將局面轉移為規畫出三十年後、五十年後，其中像孫正義（日本軟銀集團〔SoftBank〕創辦人暨執行長）規畫出三百年後的願景，再從人生的終點開始逆向思考「現在」應該做什麼，就是一例。這不只單從事業等經歷方面，而是以人生整體的觀點推斷出來的。

「頂尖領導人」曾經犧牲家人或是犧牲自己的健康，付出了相當代價，才走到了「Time is on my side」的境界。

另外，在「頂尖領導人」身上，並沒有忙碌的人特有的拚命及悲壯感。因為他們一邊享受眼前的「時間＝人生」，一邊有意識地運用時間。

例如，「頂尖領導人」即使是坐在計程車裡，也會在行進間時刻「注視街道以蒐集資訊」。

對於與同為經營者伙伴的午餐時間，他們認為是「為了培養與對方能長久持續業務的信賴關係，所必要的時間」。

甚至連像睡眠這樣不論是誰都認為是理所當然需要的時間，他們也把它當作是為了「讓獲取的資訊深植在腦中的時間」、「讓精神恢復後一早起來便可以開始工作的時間」。

對他們而言，所有的片刻都是通往最終目標的路程。

因為沒有浪費任何一點時間，所以在使用時間這件事上不會有罪惡感。

為了人生的最終目標，現在該如何利用當下的時間

如同這般，「頂尖領導人」是非常有「時間意識」（time conscious）的。「時間意識」這個新詞彙，是指一個人對時間的意識很高、有敏銳的「時間感覺」。這個詞彙在近年有關時間術的書中開始頻繁地被使用，因此可能已經有人聽說過了。

這與其說是天生就有的潛能，倒不如說是後天學習來的技術比較好。也就是說，他們為了讓時間成為自己的伙伴而努力及下工夫，因此大家也可以經由努力來達到他們的境界。

稍微介紹一下他們所下的工夫。

他們將日常使用的時間單位縮小，避免粗略地概抓時間。

大家也試試看將一分鐘以六十秒、一小時以六十分鐘、一天以一四四〇分鐘、人生以三萬天（以大約八十二年壽命計算）來表示看看。時間的長短本身

並不會因為使用的單位不同而改變，但是時間的重要性變得有真實感，讓我們比原本更能實際地感受到它，不是嗎？

像這樣稍微轉換一下思維及下一點工夫，讓他們成為有「時間意識」的人。

這本書是我將實際所見所聞的頂尖領導人「有意義地利用自己的時間＝將時間的ROA（報酬率）發揮到最大限度」的方法記錄下來的書。並舉出具體實例，讓大家知道可以像他們一樣能夠將時間運用自如的技巧。

第1章，學習將一分鐘以六十秒、一小時以六十分鐘、人生以三萬天來思考的頂尖領導人「對時間的態度」。

第2章，掌握像他們那樣為了「把時間變成自己伙伴」所需要的思維。

第3章、第4章，說明「不浪費時間，並且增加效率的方法」，以及「變成對時間有意識的訓練」，讓正在閱讀這本書的各位最前線實業家，也能夠立刻實踐。

閱讀這本書的出發點，即使是「希望不要浪費自己的時間」、「對於所謂的世界頂尖領導人是如何利用時間有興趣」也無妨。

不過，在讀完這本書時，大家對「時間」的意識應該會有很明顯的改變。

現在您是不是對自己時間的使用方式有所期待，並且開始思考「為了人生的最終目標，現在要如何利用當下的時間呢」？

這樣才是頂尖領導人「Time is on my side」的思考方式。

從被時間追著跑的人，變成讓時間成為自己伙伴的人。

讓我們一起來窺探頂尖領導人的腦袋吧！

谷本有香

目次

第1章

世界頂尖領導人將一分鐘以六十秒、一小時以六十分鐘、人生以三萬天來思考

第2章

世界頂尖領導人支配時間的三項法則

第3章

世界頂尖領導人所實踐的「把時間變成伙伴」的七種方法

第4章

世界頂尖領導人「提升效率」的六種時間術

第1章

世界頂尖領導人將一分鐘以六十秒、一小時以六十分鐘、人生以三萬天來思考

你永遠找不到時間做任何事情。
如果你想要時間，你必須創造時間。

——哲學家　查爾斯・巴克斯頓（Charles Buxton）

不讓自己有「毫無意義」的時間。頂尖領導人會意識到「這是要做什麼的時間」

「Time is on my side ＝時間永遠是我的伙伴」，是頂尖領導人對時間的特殊想法。

這是指並非忙碌到被時間追著跑，而是支配時間，讓時間成為自己的伙伴，將自己可能有的所有時間都用在有意義的事情上。在第1章裡，我們一起來學習像他們一樣將時間變成伙伴所需要的基本想法。

讓自己沒有所謂「浪費」的時間

首先要告訴大家的是，頂尖領導人的「完全沒有浪費的時間」這樣的想法。話雖如此，但這並非意指「完全沒有浪費的時間」＝「頂尖領導人完全沒有閒暇的時間」、「無法休息」。

他們平常也和朋友喝酒，也會參加聚會和久違的老友敘舊。特別是國外的頂尖領導人，還會休長假與家人去度假。

確實，與他人相比，他們花費相當多的時間在工作上，但是他們也跟一般人一樣充分享受自己的人生。也就是說，他們並不是將閒暇或休假等「享受」，定義成「浪費」。因此，「不浪費時間」與「放棄享受人生，像拉車的馬般不停地工作」是完全不同的。

那麼，他們覺得「浪費」的時間，究竟是怎麼樣的時間呢？

就是無自覺地、無意義地使用的時間。

例如，「只是一直在煩惱要做什麼，結果今天一整天就渾渾噩噩地過了」。或者是，「沒有確定內容是什麼就去參加，才知道是跟自己不太相關（出席了也沒什麼意義）的會議……」。

大家也有不少這樣的經驗吧！

他們將這些不是在自己支配下的時間耗費，定義為「浪費」。

經常意識到「現在是要做什麼的時間」

要做到不浪費時間，所需要的是「有意識地使用時間」這樣的思維。更具體而言，是經常意識到「現在是要做什麼的時間」。即使行為與之前幾乎相同，只要想法稍微改變一下即可。

例如，頂尖領導人把與家人共度的長假認為是「為了接下來的工作而充電」、「藉著共享快樂的時間來培養家人『支持自己的力量』」。

參加聚會是因為「必須培養與對方能長久持續業務的信賴關係」。

回家後一人酌酒獨飲的享受時間，「是為了想出好點子而與自己的對話時間」。就連睡覺的時間，他們也把它當作是為了「讓獲取的資訊深植在腦中的時間」、「早上醒來後可以有效率地進行工作所必要的休息時間」。

也就是說，對於一般人認為只是「休假」、「喝酒聚會」、「睡覺時間」，這些看起來沒有意義的時間，他們也有意識地賦予它們意義。雖然也可以說這是事後再追加賦予其意義，但由於是按照自己所想要的去行動，因此結果是所有的時間都變得不浪費。

亦即，只要將經常意識到「現在是要做什麼的時間」，這件事變成一個習慣後，即使只是做一些像休息、喝酒、享樂這些很平常的行為，結果也會變得完全不一樣。

改變意識後就沒有真正的浪費

養成經常問自己「現在是要做什麼的時間」的習慣後，首先就能夠減少「真正浪費的時間」。

例如參加聚會時，將其定義為「為了培養與事業伙伴的信賴關係的時間」，若能夠與對方進行某種程度有助益的對話，那麼就達到了此次參加的目的。然後，再次地問自己「現在是要做什麼的時間」。

是應該要繼續留在現場與別的經營者談天說笑呢？還是要早一點回家與家人聊天呢？還是應該要增加休息的時間，以應付明天的工作呢？

如果在聚會現場，有經營者擁有許多與自己的目標相關的新資訊，那麼就應該繼續留下來參加吧！因為，以到「人生的終點」為止這麼長的一段時間來看，這是只有現在才能做的事。

但是，如果已經覺得無法再聽到有益的談話內容時，就不應該毫無意義地留在現場耗費時間。看是要趕快回家陪伴家人或休息，應該將時間用在「現在應該做的、只有現在才能做的事情上」。頂尖領導人經常會做這種「為了減少真正浪費的判斷」。

愈是被時間追著跑的人，愈會對時間的使用方式有罪惡感

而且，學習到這樣的思維後，最後會從對使用時間所產生的罪惡感中解放出來。就是因為能夠認為「自己是將時間用在有意義的事情上」，所以不會再有被時間追著跑的這種事出現。

但是很可惜的，愈是忙碌工作的人，愈後悔「把時間浪費掉」的情況似乎很多。因為對時間毫無自覺，而被眼前的工作追著跑，被時間追著跑，因此即使不論怎麼將時間用在有益的事情上，也會後悔「怎麼用了這麼多時間」。

這當中也有人懊惱「在這麼忙碌的時候自己居然睡著了」，連將時間花在人類最基本需要的睡眠時間上，都覺得後悔。這都是因為他們無法深刻體會到「要去做自己現在應該做的、只有現在才能做的事情」。

若是對自己的時間使用方式無法有自信，愈有能力的人愈只有增加自己的工作量而已。對於認同自己是「很有工作能力」的他們而言，只有在工作的時候才是不會感到有罪惡感的時間。

更由於他們很有能力，因此工作會不預期地不斷接踵而來。他們為了要滿足「自我重要感」，會一直承接工作至「很滿很滿」的狀態。

如此一來，即使原本擁有做大事的能力，到最後也只是成為一個「工作狂」罷了。不論如何拚命工作也得不到充實感，只是讓自己變得身心俱疲。以這種做法，不知道何時就會像「忙殺」（非常忙碌）字面上所呈現的一樣，「被忙碌給殺掉」。

首先，讓我們跟頂尖領導人一樣先設定「人生的最終目標」吧！提出一生要追求的夢想做為願景。

然後，製造出能立即判斷現在應該做的事的狀態。這樣的話，所有的瞬間都是通往最終目標的路程。「因為了解到現在應該做什麼事，而去做只有現在才能夠做的事，所以就不會有浪費的時間」，也就能夠做到理想的時間使用方式。

而要能夠做到這些，需要一些思維。

提高自己的時間的價值，就可以有更多的選擇

自己的時間有多少價值

要將時間變成伙伴，還需要一樣東西。

那就是要知道「自己的時間的價值」。

單就「時間的價值」而言，古今中外已經有許多人論述過。例如有人說「時間就是金錢」，稍微改變一下觀點的論述，還有像是「少年易老學難成」、「光陰似箭」等這些諺語。有關時間的重要性及其有限性，大部分的人都很了解。

但是，若說到「自己的時間的價值」，會是如何呢？

雖說無法單純地換算成金錢，但是自己的時間的價值是比別人高還是低呢？沒有思考過這個問題的人比較多。

即使有思考過，大部分的人也是以「我比他年薪高」、「換算成時薪是三千日圓，所以我比他高」這類由他人給與的價值來思考。真正曾經去思考過「自己的時間的價值」的人很少。

頂尖領導人了解「自己的時間的價值」。

更進一步而言，他們了解「自己的時間有很高的價值」。他們對自己的能力有自信，對理想有自信，是「自我重要感」很高的人。因此，他們可以肯定的是，以優秀的能力來達成偉大目標的「自己的時間」，有很高的價值。

了解到自己的時間的高價值後，在必要的時候就會「用金錢買時間」。

例如，不是搭乘電車而是坐計程車、乘坐新幹線時坐商務車廂，搭飛機時坐頭等艙等。在需要的情況下，即使必須自掏腰包，也會選擇利用上述方式讓自己有更多時間的領導人很多。在資產運用領域方面很有名的人士也肯定地說，這些都是必要的投資。

為了加速生意進展所付出的成本是不足為惜的

雖然可以透過選擇交通工具來節省某種程度的時間，但是即使花比較多的錢選擇商務車廂或頭等艙，時間成本和乘坐普通車廂或經濟艙是完全相同的。那麼，他們為什麼還是選擇高等級的車廂、艙等呢？

他們願意在這方面支付較多的金錢，是因為這樣可以減少旅途的疲憊感，下車或下飛機之後也能夠積極活躍地行動。他們重視自己旅途後效率的提升，因而支付這些費用。

另外，在這些高等級車廂、艙等中，也會增加遇到其他頂尖領導人的機會。在這樣的私人空間裡，有時甚至可以共處至十幾個小時這麼長的時間，是建構新的網絡及關係非常珍貴的機會。

只不過是交通費用，他們之所以不選擇便宜的交通工具，是因為他們知道這是為了加速之後的生意進展所必要的成本。

積極接納擁有自己所沒有的能力的員工

像星巴克創辦人霍華．舒茲那樣，雇用有能力的員工，將自己擅長領域外的「自己不必親自去做也可以」的工作，交辦給他們的領導人也很多。

他在自己的著作中寫道：「接納擁有自己所沒有的知識及經驗的員工是非常重要的」，這樣一句讓人感到很有身為經營者氣度的話。同時他也感嘆，有許多經營者對於自己的做法太有自信，因而無法接納與自己完全不同類型的員工。這樣的領導人也許無法成為「頂尖中的頂尖者」。

他們為了達到自己所設定的偉大目標，必須運用自己的能力，將所有的時間使用在只有自己才能做的事情上。因此必要時，多少有一些開支也完全不會覺得可惜。

也因為他們如此認為，所以並不會有「在這裡叫計程車不會太浪費嗎」、「不必增加人手，我自己辛苦一點……」這些困惑。他們不會覺得有罪惡感，理解到這是「必要的花費」，然後能夠為了讓自己有更多的時間而來使用金錢。因為沒有困惑，就不會浪費時間去「煩惱」。

討厭「後悔」、「煩惱」、「辯解」這些詞彙

另外，因為他們比任何人都了解「自己的時間的高價值」，所以他們會保持緊張感去思考自己時間的使用方式，自然而然就會問自己「現在是要做什麼的時間」。

於是，他們會很理所當然地仔細分析「接下來自己要如何使用這麼重要的時間呢？」「這是真的有必要去做的事嗎？」然後，就能珍惜地度過每一瞬間。

而這是認為「自己是一事無成的人」、「自己的時間沒有多大價值的人」無法達到的境界吧。

「好像來不及趕上開會時間了，沒辦法只好坐計程車了」、「要增加人手好像有些浪費」，在許多情況下他們會像這樣替「原本必要的花費」找藉口，或是事後耿耿於懷感到後悔。

「後悔」跟「煩惱」，也是頂尖領導人討厭的「時間的浪費」之一。如果不了解自己的時間的價值，就會製造出（實際上並不浪費但卻變成）浪費的時間。

認真思考自己的時間的價值吧！評價過低或過高都非常危險。知道它正確的價值，並且提升它的價值，不管是在事業方面或者是人生方面，都能夠讓自己有更多的選項。

提高「自我重要感」，了解時間的重要性

自我重要感支撐著頂尖領導人的價值觀

那麼，頂尖領導人到底是如何做到確信「自己的價值」呢？

能夠感受到「自己的時間的高價值」的人和無法感受到的人，其中的差異只有一處。就是對於時間（看起來）不自覺地動作的人，「自我重要感」很低。因此，無法在自己的時間中找到價值，「得過且過」而浪費了寶貴的時間。

我完全沒有想要談論唯心論，但必須要說的是，支撐他們的價值觀最重要的基礎，是過去的努力。

例如，他們曾為了讓企畫成功而犧牲休假，也曾為了學習工作上需要的技能而拚命地努力用功，亦曾為了公司的發展而一心一意地投入工作中……

這些努力及其結果所獲得的顯著成果和實績，都支撐著他們的「自我重要感」。去做別人無法模仿、費盡心血的努力，完成別人無法達成的成果，這樣的經歷轉變為自信，如此日積月累下來提升了「自我重要感」。

而這一點只憑嘴巴說「我是很重要的人」，是沒有用的吧！因為，如果沒有過去這些確實的經驗累積，在思考「為什麼自己是很重要的人」這個問題時，就沒有足以令人信服的理由。

身旁有沒有值得尊敬的人

當然，在這些領導人當中，也有人從年輕的時候開始「自我重要感」就很高，並且有意識地去使用自己的時間。因為我曾提到努力與實績的累積，是自我重要感的關鍵，因此有人或許會覺得這些人是例外。

但這樣的領導人並不僅是透過磨練自身的能力，讓自己有自信，還利用「導師（Mentor）制度」，從這些五、六十歲已經將時間變成自己伙伴的領導人身上，學習到時間的重要性。

尤其是發展創新企業的年輕領導人，因為在公司內並沒有職場導師，因此有很多人會個別拜託自己所尊敬的實業家「成為自己的導師」。雖然有的企業其公司內已經有「導師制度」，但是各位不要被侷限在這框架中，試著去拜託自己所尊敬的實業家成為自己的導師如何呢？

佐佐木俊尚（作家、新聞工作者）也談論過有關職場導師的重要性，年輕時很容易產生時間彷彿是無限的錯覺。但是，利用直接聽聞商場上親身學習到時間的重要性的領導人的經驗談，就猶如自己親身體驗到那般有真實感，而獲得有關時間的重要見解。

藉由評論自己的經歷，讓「自我重要感」更接近實際的狀態

這也許是題外話，但從小時就一直被母親說「你一定可以」的頂尖領導人好像很多。例如軟銀集團的孫正義等人，可說是其典型代表。他在接受各種的採訪中，都會提到母親的「勉勵」。這也算是好的「洗腦」。

因為頂尖領導人的願景力強，相信力強，所以他們以純粹的心去相信「自己一定可以」、「只有自己才做得到」，然後真正去努力獲得成果。年輕時這不是表現在工作上，而是表現在被稱為考試或挑戰的資格考驗上。

不論所做的是怎麼樣的努力，已經獲得努力的結果、成果及自信的他們，對自己的「自我重要感」毫無懷疑。而這祕訣也在教育方式裡。

雖說如此，在這當中也可能有一些人的情況是，費盡心血地努力，也獲取了某種程度的成果，但是卻因為謙虛使得「自我重要感」一直都很低落。身邊有偉大的前輩，或者是父親的巨大存在感，都會讓即使自身的努力及成績已經

非常足夠的人，覺得「自己還是不行」。

一旦自己有這樣的感受，不管有再好的實績，或是不論身旁的人認同自己的實力，如何地稱讚自己「好厲害喔」，本人的感覺也不會改變。現在還是覺得「自己還不行」的人，試著將自己的經歷好好地評論一次如何呢？

也許有的人真的是「努力還不夠」，但是大部分的人都會發現原來「自己曾經這麼地努力」、「雖然到目前為止還不夠滿意，但是確實也有成績出來了」，這樣一來，應該可以讓「自我重要感」更接近實際的狀態。要提高「自我重要感」所需要的是，真正的努力、實績，以及對自己的認識。「自我重要感」提升之後，自然地也能夠感受到「自己的時間的高價值」，對時間的感覺也能夠更敏銳。

好了，終於站上起跑點了！讓我們來向頂尖領導人學習，如何更有意義地去使用自己比任何人都還要貴重的時間吧！

讓三十年後的具體願景，來幫我們選出現在應該做的事的最短路線

有遠大目標，就能讓現在應該做的事變明確

活躍在世界舞臺上的頂尖領導人，經常著眼於三十年後、五十年後的「人生最終目標」，然後來思考「現在」應該做什麼。

具有能夠預測數十年後之事的寬廣視野，就能立即將焦點凝聚在眼前的選擇，來判斷「到達最終目標的最短路線是往右」（所謂的「最短」只是一個舉例，也可能是「雖然不是最短，但是離理想的最終目標最近的是往左」等，這樣的判斷情況）。

他們即使在面對時間這種看不到的對象，也能具有「聚焦放大」（zoom in）、「拉遠縮小」（zoom out）這樣完全相反的觀點，並且自在地運用它。

所謂的「聚焦放大時間」，是指有時間意識，經常問自己「現在是要做什麼的時間」。目的是什麼？在做什麼？也可以說是要把握住目的及其意義吧！換句話說，就是凝聚在其瞬間一點的「微觀」（micro）觀點。

所謂的「拉遠縮小時間」，是指面對自己所設定的「人生最終目標」，將自己生命的時間用一條線連結起來，從高處俯視它。

例如，對於想要在六十歲時有稍微達到人生目標的三十歲的人而言，現在正好是折返點。

將時間拉遠縮小來看，現在這一瞬間剛好是位於自出生連結到最終目標這一條道路上正中間的位置。這在廣泛地從所有角度來凝視自己的時間這個意義上，也可以說是「宏觀」（macro）觀點。

而所謂對時間「聚焦放大」、「拉遠縮小」，就是將人生當作是一條線，以長期間來俯視它的同時，也要經常返回「當下」這一點的感覺。

有利他人的願景才能感動人心

一提到「時間術」，我們不自覺地會以「如何來使用二十四小時」這樣微觀的觀點來思考，但是頂尖領導人對於一年、十年這種長期間的時間，是有意識感的。請各位再重新認識以下這點，其實連「年」這種被稱為大單位的「期間」的時間，都是眼前每一瞬間累積起來的總和。

也就是因為擁有這種時間感覺，所以他們不會以短淺的眼界來看事物，也就不會有「現在好就好了」這種自暴自棄的行為。而且，他們不會為了要逃避對未來隱約不明的「不安」，過度保衛自我而忽視了現在。

那麼，要像頂尖領導人一樣有效地使用時間，所需要的就是「懷有願景」，對未來有一個偉大的目標。如果能夠做到跟他們一樣的時間使用方法，這個遠大的夢想一定也能夠實現。

請看看頂尖領導人的成功。有句話說「先有雞，還是先有蛋呢？」而他們的人生，最終就是這種時間術所帶來的結果。

話雖如此，突然說到「三十年後的願景」，大部分的人都會認為「未來那麼遠的事不知道會怎樣」吧！

的確。現今這個時代變化快速，商場上的情況亦同。而今後隨著科技的發展，時代變化會更加快速。在這樣的時代裡，要「擁有三十年後具體的願景」，感覺上非常的困難。

但是即使如此，知名的頂尖領導人還是毫不畏懼地提出三十年後、五十年後的願景。

例如，日本電產創始人永守重信曾說：「我經常將『世界第一』當成目標。為了在一百年後也能持續繁盛發展，就要創建強穩的公司」，這是著眼於一百年後強而有力的願景。

他們這種應該稱為「願景力」，也就是預測未來的能力非常優秀。而對未來的願景，當然也會提高他們自己本身的幹勁，例如他們知道「為了創造更好的未來而工作」這樣有利他人的目標，能夠深切地打動人心。

具備有某種程度能力的人，原本就能夠在人生比較早的階段達到像是賺錢、或是獲得大家認同的成功。但把「想要賺更多錢」、「想要得到讓人稱羡的成功」這種利己的目標，當作真正頂尖領導人畢生所追求的夢想，格局也太小了。

孫正義提出的「三百年願景」的意義

儘管如此，「願景」說到底是本人內在的構想，其中一半是夢想般的願景。軟銀集團的孫正義是很好的例子。

他在創建Unison World（軟銀的前身）時，就構想了「三十年願景」，聽說還在公司朝會時對著除了自己以外僅有的兩名職員述說。只是，「要用十年的時間成為年收五百億日圓的公司」這麼宏大的願景，在當時實在是跟公司的規模與實際狀態差距太大，也因此很可惜地，據說當時的兩名職員在幾個星期後就都離職了。

而這樣的孫先生現在所提出的願景，竟然是以三百年為單位。

幾年前，他就認為要「藉由數位科技挑戰世界」，在徹底檢驗三百年後人類的樣態及科技後，又再構思「新三十年願景」。三百年後是未來的事，連構思的孫先生本人也無法親眼看見其正確答案。在他底下工作的所有員工也是一樣。

即便如此，期望「在三十年後的將來能夠實現這些事」，具體描繪出到達的路程，這是非常有意義的事。因為藉由將時間「聚焦放大」、「拉遠縮小」的方式，「從終點來看現在的自己是位於哪個階段」，就能夠立刻把握現在應該做的事。

遇到危機時更要用堅定的願景抓住人心

若說到「願景」，就不能漏掉星巴克霍華．舒茲的小故事。據說他在星巴克的經營狀態惡化的時候，對員工說：「現在星巴克的經營狀態非常糟糕，但是我有要將星巴克擴大的志向。我有願景，因此請安心地跟隨我」，並且具體地向他們述說今後的願景，用自己的願景抓住員工的心。

之後就如他所言，公司重整經營成功，讓星巴克到現在也受到全世界所喜愛。

即使是遇到危機，只要領導人所提出的未來願景明確，員工還是會繼續跟隨。不只如此，也能夠將員工的心境轉變成肯定積極，「共同努力重建公司」。培育出能為了自己的目標而發揮最大潛能的部下，也是頂尖領導人所實踐的時間術之一。

因為來自周圍的支持愈多，可以單純使用在發揮自己能力的時間上就愈多。

能夠倚賴的人脈及媒體，都是時間非常好的「優勢資源」。

雖然他們提出願景的時期各不相同，不過從小時候就存有「時代的開拓者」的印象，去思考人生最終目標的人好像不少。也有像孫先生這樣將自己與「坂本龍馬」這位歷史人物疊合，來擴大構思的例子。

這當中也有像優衣庫（UNIQLO）的柳井正這樣，隨著事業規模的擴大，來習得願景力的有才能之領導人。然而，這樣的例子畢竟還是少數。

以長遠的視野致力於「當下」是很重要的

見過許多各種領導人的我的意見是：「構思願景還是愈早愈好」。理所當然地，若能夠在年輕的時候就先開始準備，就可以看見更遠大的夢想，並且去實現它。

順帶一提，活躍在網路商務世界，被稱為「網路新貴」的領導人中，視野短淺的人好像不少。

他們的確在瞬間就能賺進數十億日圓，我想那也是某種形式的「成功」。我無意指他們的成功不是真正的成功，但是在十年、二十年後，他們所建立起的事業還留下多少呢？在這世上，與現在同樣的影響力會一直持續下去嗎？

慶幸的是，他們很多都還是年輕的領導人，今後非常有可能會以所經歷過的經驗為基礎，去構想三十年後、五十年後的願景。

當他們能夠用長遠的視野，致力於眼前這一「瞬間」的時候，他們也就可以把時間當成自己的伙伴，而那個時候才是原本優秀的他們發揮本領的時候。

【專欄】早上的習慣

在早上聽一首古典音樂，提高專注力

頂尖領導人會有意識地讓自己有放鬆時間，以經常維持好的表現。因為他們有將時間賦予意義的習慣，知道「現在是要做什麼的時間」，因此不會有「還有工作積壓著，但我卻在休息，真過意不去」這樣的罪惡感。他們知道自己需要休息的時機，也知道要休息多久才能恢復工作效率。在這一點上也絲毫不浪費。

有關於專注力，史丹佛大學曾發表過很有意思的實驗結果。被教導「專注力完全看自己本身，總是會展現出來」的學生，與被教導「專注力有其限度」的學生，讓他們去做需要專注力的事，然後加以比較，發現他們專注力的持續時間是不一樣的。這表示會因為對於專注力的想法與信念不同，而影響到實際的限度。

一般認為「專注力的持續時間以九十分鐘為極限」，但也有可能是這一般論縮減了我們的專注力。

本章好幾次提到了有關頂尖領導人的正向思考，他們「相信自己的這股力量」比一般人都還要強烈。他們相信「自己能夠長時間專注」，因此可以比別人持續長時間發揮最好的表現。各位也不要只想著「九十分鐘過後就要休息」，請對自我狀態敏感些，當專注力真的用盡的時候再休息。

放鬆時間是為了讓頭腦及身體得到休息，因此基本上不管做什麼都可以。利用冥想、睡午覺，在短時間內讓腦力恢復的領導人也不少。其中也有領導人在五分鐘左右的休息時間裡，透過聽自己喜愛的音樂來放鬆。

其實，音樂也有提高專注力的效果。但並不是任何的音樂都可以，而古典音樂，其中像莫札特（Mozart）的曲子，有的就可以讓頭腦放鬆，並且提高專注力。這是經由京都大學與哈佛大學共同研究所證實的。

由於也有被稱為「α（alpha）波音樂」的東西，被挑選出來當作「作業用ＢＧＭ」（工作時聽的音樂），因此有興趣的人可以試試看。在開始工作之前聽，或是在放鬆的時間聽。五分鐘正確的放鬆時間，會大大地影響其後的表現。

第2章

世界頂尖領導人支配時間的三項法則

有時間的人就擁有萬物。

——英國前首相　班傑明・迪斯雷利（Benjamin Disraeli）

用同時進行的方式來「伸縮」時間

在第1章，我們學到了頂尖領導人為了將時間變成自己的伙伴，用怎麼樣的態度與時間相處，以及他們對時間基本的想法。

重點有以下三點：

- 將眼前時間的使用方式賦予意義。
- 提升「自我重要感」，意識到自己的時間的價值。
- 提出將來的願景，由此引導出當下這一瞬間的選擇。

現在，在各位的心中也已經建立了頂尖領導人對於時間想法的基礎。

在第2章裡，我們要更進一步地介紹，只有頂尖領導人才知道的「時間使用說明書」。到目前為止在我們眼前通過溜走，或是一直追著我們跑的那個像是不明物體般存在的「時間」，今後我們就可以自在地控制它了吧！

頂尖領導人的時間密度變得愈來愈高的祕密

對頂尖領導人而言，時間是可以伸縮自如的。

他們認為一分鐘可以當成十分鐘，二十四小時可以當成四十八小時。「伸縮時間」是指加快工作速度以求效率化，或是同時進行好幾個行動讓時間的密度變高。

當然，並沒有一種魔法可以讓「A先生在過十一分鐘時間的時候，B先生只過了兩分鐘時間」。但是，利用靈活地伸縮時間，卻可以「讓A先生需花兩分鐘完成的工作，B先生只要花一分鐘就可以完成」。這麼一來，頂尖領導人的時間密度就會變得愈來愈高。

具體的方法將在第3章及第4章中介紹，例如在吃飯的同時一邊進行一小時的午餐會議，讓原本只有完成吃飯這件事的這一小時，也可以開完會議。時間的密度大為提高。

在坐車行進途中完成郵件的回覆，即使只是短短的幾分鐘，也能夠避免只將時間用在「只是坐車」、「只是回覆郵件」的事情上。

將某種行動與某種行動結合的「同時進行」行動，是伸縮時間追求效率化的代表性方法。

另外，利用一些小工具等便利的道具，也可以將原本要花三十分鐘完成的工作，只要十分鐘就能夠完成。雇用員工，或是替換成有才能的人員，將工作交辦給他們，如此一來，自己能夠自由使用的時間便會增加。

頂尖領導人當中有很多人是「短眠者」的原因

雖然這並不是很向各位推薦的方法，不過頂尖領導人中只睡很短時間的「短眠者」很多，卻是事實。

「因為要做的事很多，要睡死後再睡」、「太過熱血沸騰因此沒有空閒疲憊」，也有人有這般驚人的強勢發言。

說到非常極端的短眠者，我馬上想到的是粟井英朗（富士山的銘水股份有限公司社長）。他居然「晚上九點就寢、十一點起床」，是只睡兩個小時的強者。

也許有人原本就是有這麼強健的體質吧！不過，我仔細觀察認為他們應該是藉由鍛鍊來讓自己獲得「即使只有短時間的睡眠，也能夠活動的身體與精神」。

畢竟他們要做的事比一般人還要更多，非常地忙碌。年輕的時候，在比現在還要緊湊的每日行程中，他們為了要做出成績是拚了命地工作吧！

因此，為了實際增加自己能夠活動的時間，他們所想到的就是縮減睡眠時間。

我所謂的「時間可以伸縮自如」並不單只是一種唯心論，也並非感受值。為了要擠出時間，充分地靈活運用工具、人才、金錢，甚至自己的身體，是經歷繁重的工作而達到真正效率化的頂尖領導人的方法。

以倒推方式來進行到達人生最終目標的路程模擬

他們之所以能夠這般思考，堅韌地行動，是因為即使對於時間這種看不見的對象，也可以具備「聚焦放大」、「拉遠縮小」這樣完全相反的觀點，並且運用自如。就如同在第1章所提到的，設定好最終目標，以長期間來俯視人生的同時，也要經常返回「當下」這一瞬間的感覺。

他們並不是單純只以節省時間為目標，而是致力於現在應該做的事，「伸縮自己的時間」來設法擠出為了充分展現出結果所需要的時間。

我們之前已經說過將人生的最終目標以具體願景描繪出來的重要性，不過要將現在的這一瞬間，以「自終點看來是怎麼樣的樣態呢？」這樣宏觀的觀點，以及「現在是為了什麼、應該做什麼的時間呢？」這樣微觀的觀點來看，模擬到達終點的路程也是必要的。

例如，以一名三十歲的商業人士為例，他的志向是「想要在六十歲前在自己的公司開發A商品，讓世界更加豐富」。

在這情況下，

- 三十五歲以前在部門內要達到最高業績。
- 四十歲以前要升任至○○職位。
- 四十五歲以前建立好這樣的人際關係網。

・五十歲以前在××領域上做出成果，讓公司認同這項商品開發。

這是非常粗略的路程（一般人連這種程度的路程模擬也不做）。然而，未來的頂尖領導人會做更具體詳細的模擬。

例如，一名志向高的三十歲未來頂尖領導人，會從人生的終點往前推算做如下的模擬。

・做為一個大前提，在六十歲以前若要以公司高層或擁有權限的方式來開發A商品，自我本身職位的大幅晉升是必要的。

↓

・為了在六十歲以前當上總裁（社長），那麼至少在五十歲時就必須當上董事吧。

↓

・因此在四十歲時就必須被提拔成為執行董事。

↑

・如此一來，在三十歲時能夠做的，就是在同期人員中做出最高的成績。

相反的，如果做不到，那麼之後的晉升就都會延遲。

↑

・為了確實往上晉升，就必須很明顯地在同期人員中做到「第一」不可。

在可以用數字明確評價的領域上做出成果，是最快的捷徑。

↑

・在現在所屬的部門裡，要怎麼做才能夠獲得「第一」？

這是他們要爬升至高層的路程模擬。

還有，除了晉升之外，開發A商品必要的路程模擬，也同樣以倒推的方式進行。

・做為一個大前提，為了要開發A商品，學習開發所必需的專業知識及技術是必要的。

←

・在商品開發上為了取得最高的權限，要先做出與其相關的成果，才能在其領域上被賦予重任。

←

・為了與相關部門能順利合作，要和哪個部門的哪個人熟識，預先建構起信賴關係比較好。

←

・在商品開發上相關的利害關係人可能是〇〇〇或是 ×××吧。為了與他們維持良好關係，應該在何時、用什麼方法跟他們聯絡？

←

・蒐集資訊，以了解做為商品開發的專家有哪些是現在要先取得的資格。

・不僅只有商品開發的知識，包括市場行銷及促銷宣傳等知識也一併趁年輕的時候先學習好。

如同這般做出路程模擬之後，就能夠推論出在三十歲的現在，這幾年內必須去實行的事有「在現在所屬的部門裡要做出『第一』的成果」、「蒐集資訊，有必要的話去取得資格」、「學習市場行銷及促銷宣傳的知識」這樣的結論。

這樣一來，例如「學習市場行銷及促銷宣傳後，有一個可以用數字明確地顯示出與同期人員不同的計畫」，就可以馬上自我推薦說「請讓我做！」因為推論出了自目標開始倒推至當下這一時間應該做的事，所以行動上就不會有偏差及浪費。

不過，很多頂尖領導人的做法是非常柔軟的。即使做了這樣的路程模擬，也不會固執於自己的想法。

雖然到達目標為止的路程，在他們的人生裡是以一條道路的形式描繪，但是身處在科技進步如此顯著的現代，可以完全按照三十年前的模擬路程來前進的算是少數吧。

為了正確地推論出現在應該要做什麼，他們認為蒐集資訊並適度地修正軌道是非常重要的。

藉由將時間聚焦放大及拉遠縮小，以人生這麼長的期間及當下這一瞬間這兩方面來修正軌道，就能夠防止「因為太過固執於最初的計畫，而使得夢想的實現延遲」這種致命的錯誤。這在日常的工作上也是一樣。掌握正確的資訊，在短時間內持續做出正確的判斷，是高效率發展事業的祕訣。

史帝夫・賈伯斯也感受到時間的有限性

像這樣將時間伸縮至極限，有效率地靈活運用，就能夠將時間的密度變得比一般人多好幾倍。但是即便如此，自己也不能夠活到兩百歲。從這一點來看，時間是有限的，並且人人平等。

蘋果公司（Apple Inc.）創辦人史帝夫・賈伯斯（Steve Jobs）曾經在史丹佛大學演講時這麼說：「在這世上能夠活的時間有限。真正能夠竭盡全力去做真正重要的事的機會，大概只有兩三次吧。」

賈伯斯本身也是一位非常堅強的頂尖領導人，但是即便是他，一生能夠傾盡全力去做的大事業也只有兩三件。

這是讓人去重新思考時間之有限性的話語。各位也試著自在地伸縮時間，去獲得能夠使用在自己本身重要事情上的時間吧！

利用小工具及小單位來「支配」時間

看到「時間」這種看不見的東西的方法

到目前為止我們提到「要把時間當成伙伴」，在這邊我們要使用稍微強烈一些的表達方式。那就是，頂尖領導人認為時間是可以「支配」的。

如同字面所示，「時間並不是就這樣流逝而去，而是自己在支配它」的這種掌管時間的感覺。一般常用的詞彙是「時間管理」、「日程管理」，因此，若將「支配」轉換成「管理」應該就比較容易理解吧！

之所以要用比較強烈的表達方式，是有原因的。

因為頂尖領導人真的按照自己所想的在操縱時間。

例如，他們能夠「看到」原本應該看不到的時間。

具體的方法我將在第4章說明，在此要提的是他們當中有很多人除了雲端管理的行事曆外，都有一本手寫的「記事本」。

有人使用的是可以看一整個月的每月樣式，也有人自製將一天以二十四小時表示出來的時間行事曆。

他們所使用的手錶也非數位款而是指針款。我不只是在採訪的場合，在其他各種場合見到頂尖領導人時，至目前為止都沒看過愛用數位手錶的人。

而在指針款中更有人喜愛使用懷錶，安宅和人（日本雅虎CSO）就是其中一人。以前在雜誌的報導中有看到他說過下列這番話：「因為指針款的鐘錶將『已經過去時間』與『剩下的時間』視覺化地顯示出來，因此比較容易掌握時間。顯示『現在是幾點』這一刻的數位款，無法與懷錶相比擬。」

這些工具的共通點是「對於時間的長短與流逝可以用眼睛看得見並且容易

確認」，方便將時間具像化。也就是說，他們有意識地將時間「變成看得見」，藉此來讓自己對時間的感覺變得更敏銳。

為了真切地感受到時間，以小單位來思考

另外，他們不是用一小時，而是用「六十分鐘」，不是用一分鐘，而是用「六十秒」來表示。雖然一小時與六十分鐘的長度完全一樣，不過將時間的單位變成小的「分」、「秒」，對於時間的長短不是變得更能夠真切地感受到嗎？

平常的確沒看到有人用這樣來表示，但是如果將一天認知成「一四四〇分鐘」，應該就能發覺到其有限性。若是含糊地認為有「一天」的時間，就會想說「有那麼長的時間，什麼事都能夠去做」，但是一天的時間都是眼前的一分一秒累積而成的。

當然，也是有能夠做與不能夠做的事，如果不以「只有現在能夠做的、現

在應該做的是什麼事」這樣的觀點，來嚴格地仔細檢視，愈是忙碌的人就愈容易超過負荷量而無法應付。

反之亦然。基本上對於將時間以「一小時」這種大單位來掌握的人而言，五分鐘或十分鐘算是「零數」。感覺上零數的時間好像什麼都無法做，便會將時間白白地浪費掉了。

例如，若將會議的時間設定為「一小時」，腦中已經將時間的感覺粗略地轉換成「大概一小時」。因此，當會議時間超過五分鐘時，會認為是在容許的範圍內。如果真的是全員到齊熱烈討論而超過五分鐘的會議，那就另當別論，但很多時候都是因為對時間無自覺所造成的，而在場的所有人甚至都沒有發覺到多浪費了五分鐘吧！

然而，像這樣數分鐘白白浪費的時間也會積沙成塔，能夠使用在重要事情上的時間就在不知不覺中減少。反之，若停止以大單位粗略地掌握時間，那麼浪費的時間便會愈來愈少，而能夠使用感覺像零數般的數分鐘時間去完成事情的可能性也會變高。

真切地感受時間，讓時間本身的容量變得更大。

自己的最佳狀態何時可以展現出來？

要像頂尖領導人這樣活用數分鐘、數秒鐘，並且支配時間的最重要關鍵點，就是掌握所有的工作時間。他們會將自己進行這項工作需要花費多少時間，全部掌握好之後，安排好緊湊的計畫表再行動。

例如，從家裡出門到公司的通勤時間要三十五分鐘，回覆一封電子郵件要三分鐘，要做出這類程度的專案企畫書要一百二十分鐘等。

而這不只用在工作上。如果去站著吃的麵店吃午餐要十五分鐘，跟同事在定食餐廳吃午餐要四十分鐘，在家洗澡時間要二十分鐘，對身體最佳的睡眠時間要三百六十分鐘（六小時）等，像這些工作之外的事，或是個人每天要做的事，自己都花費多少時間呢？請各位不妨好好地計算一下。

然後，在自己能夠專注工作的環境中工作，可以縮短多少時間呢？試著與最佳狀態比較看看。

換一個鍵盤，也許回覆電子郵件的時間能夠稍微縮短一點；原本要花一百二十分鐘完成的企畫書，在上班前還沒有電話打擾的時間寫，也許九十分鐘就可以完成了。知道工作的時間，就能夠減少行程安排上的浪費，而能夠避免因草率地預估，排訂出亂七八糟的行程計畫表。

逾期交貨或付款也是一種剝奪他人時間的行為。因為頂尖領導人深刻地感受到時間的重要性，因此他們也絕對不會浪費別人的時間。

提高時間價值不太被注意到的好處

講點題外話，他們絕對不會遲到，但是也不會比約定好的時間早到。

如果是想要早一點到來迎接對方，讓自己在優勢地位上以利交涉進行，又另當別論。不過，一般他們認為唯有依照約定的時間到達，才是一種「不要對對方失禮」的禮儀表現。因為他們的時間價值比我們高，所以說起來這也是理所當然的吧。

我所採訪過的頂尖領導人中，有很多也都是依照約定的時間到，在自己指定的例如「十五分鐘」的時間準時地將話講完，結束後馬上趕赴下一場約。

也因此，像哈佛大學的麥可．桑德爾（Michael J. Sandel）教授那樣，面對不肯罷休要求「再問一題就好了」的我，很努力地擠出時間受訪，讓我對於他這位「有人格的人」印象非常深刻。

一旦被大家認為「是非常忙碌的人」、「這個人的時間價值很高」後，若還能有這種小體貼，就可以讓人留下好印象。這或許也算是「提高時間價值」的好處之一。

制敵所需的是了解敵人、研究敵人。

為了掌控時間，把時間變成伙伴，首先讓我們對於時間的流逝及所需要的時間變得敏感一些吧。如果能夠做到這點，那麼你對自在地操控、掌管時間的感覺就可以又更靠近一步了。

安排什麼事都不做的時間，是一種投資

今天的緩衝，將來會有好幾倍的利息回饋

就我所知，廣為大家所知的頂尖領導人即使連一秒鐘的時間也不浪費。

這麼一講，不管我們怎麼說他們是屬於「支配」時間的一方，可能還是有很多人對他們的印象就是非常忙碌。實際上，他們應該要做的事的確很多，因為非常忙碌，所以平常也都是以分鐘為單位來安排行程。

向頂尖領導人預約採訪時，常常也僅能取得「十五分鐘」等非常短的時間。他們沒有多餘的時間，在某種意義上是事實。

雖說如此，善於經商的他們也知道「投資」的必要性。想要增加收入，只靠自己努力工作賺錢是不夠的。將賺到的錢拿去投資，讓錢也可以幫自己工作，這樣才能夠有效率地增加收入。而這點在「時間」上也通用。

所謂投資，原本被認為是「利用多餘的錢來做的事」，但是對他們而言，並沒有多餘的時間。因此，他們會從繁忙的行程中擠出「緩衝」時間。

就是在忙碌的時候，才更要安排出「什麼工作都不做的時間」。這就是他們所思考的「對未來的投資」。

所謂「什麼工作都不做的時間」，對他們而言是創意思考的時間，是重拾元氣的時間。暫且脫離眼前的工作，將獲得的資訊整理一下，或是統整A及B的資訊。也可以說這是想出創新的點子，或是單純地等待工作線索出現的時間吧！

也有人是藉由閱讀與本業無關的書籍，或是看電影，以增加各種知識，並接觸潮流。

因為這並不是動手來進行一些決定好的工作，因此可能會覺得工作效率暫時變差了。

但是，在緩衝時間所獲得的靈感，將來一定會有用處。今天花了的這一個小時，將來會有好幾倍的利息回饋到自己身上。這樣想的話，可說是「報酬率非常好的可靠投資」，不是嗎？現實的投資可不是這樣。

相反地，不安排緩衝時間只顧著做眼前的工作，就只能一直消耗手邊有的點子，而無法去做補充。

即使現在沒有問題，但忽然某一瞬間會變成什麼點子都想不出來，一籌莫展。

頂尖領導人中好像也有許多人經歷過在年輕時沒有投資時間，只顧著一直工作，而一度變得空虛失神。也有人因為切身經歷這樣慘痛的失敗，學習到了緩衝的重要。

谷歌地圖及便利貼都是從緩衝時間中產生的

將緩衝時間當成全公司獎勵的，是美國的谷歌（Google）。在美國谷歌有「二〇％制度」，也就是「只要不影響到日常業務，可以將工作時間的二〇％用在原本業務以外的活動上」。

而且，要什麼時候去做完全是個人的自由。

也許有人會擔心這麼一來不就變成只是一般的休息時間嗎？但是，如果你有聽說過 Gmail 的起源「Caribou」和「谷歌地圖」（Google Map）以及「Google 搜索建議」（Google Suggest），都是從這項「二〇％制度」中所產生的服務產品，那就不得不承認其了不起之處了。

現在你是否重新感受到緩衝時間的必要性了呢？

其他自緩衝時間中所產生的點子，還有很多。

可以稱為3M的招牌商品的便利貼（Post-it）也是其中之一。各位桌子的抽屜裡是不是也放有這種方便的便條紙呢？

其實，3M內部也有「可以將上班時間的一五％使用在自己喜歡的研究上」，這項「一五％文化」的不成文規定。

有一名研究人員利用這段時間，到處向同事詢問如何有效地運用黏著劑的想法，而這是在當時被認為是失敗產品的一種「可以緊密黏著、但又可以簡單撕下的黏著劑」。

結果，記得這種黏著劑存在的另一名研究員，想到可以開發成「能當作書籤使用，也能當作便條紙使用，可以貼上撕下的東西＝便利貼」。如果沒有緩衝時間，這個不可思議的黏著劑可能就這樣被當作失敗產品，再也沒有下文了吧！

一天只要有幾分鐘的冥想，就能提高效率

更甚者，連思考都不去思考，將緩衝時間純粹當成是重拾元氣的時間，也是一種方法。

蘋果公司創辦人史帝夫．賈伯斯是這方面的翹楚，頂尖領導人中也有人像他一樣，將每天早上數分鐘的「冥想」當成習慣。藉由脫離日常的雜事、集中精神，結果可以讓壓力消除並提高專注力，之後一整天的工作效率便會提升。

一說到「冥想」，也許會有人覺得這含有宗教意味而感到困惑，但是藉由冥想提高專注力及減輕壓力，這是經過科學證實的。

這是一種只要幾分鐘的時間就能夠有效率地整備好能力，非常有效的方法。

為了要經常以最佳狀態來工作，讓自己放輕鬆是很重要的事。事實上，頂尖領導人中也有很多人是「喜好飲酒」的。也有人習慣在下班途中順道去自己喜歡的酒吧，在雪茄煙霧繚繞中度過「一個人的時間」。

老實說，到這種程度的話已經是完全的放鬆時間了，不過，若意識到「這是為了提高效率而放鬆」，就不會有「在這麼忙碌的時候卻還喝酒偷懶」的這種罪惡感了。

如同在第1章所提到的，重要的是思維。想法的不同會讓自己的時間變得有意義或是無意義。並且，認為「自己不浪費時間，踏實地往人生的最終目標前進」，就會讓自己有自信可以用一二〇%的力量，堅定地持續工作下去。

忙碌的人要安排出緩衝時間的簡單方法

雖說如此，在忙碌的時候要安排緩衝時間需要一些勇氣。平常就匆匆忙忙地，經常感覺被時間追著跑的人，也許會認為「在現實考量上很困難」、「即使只有一下子也要將時間先使用在工作上」。

事實上，我自己本身也是無法安排緩衝時間的人，所以非常了解這種感覺。但是，請好好地想想看。我們大家有比蘋果的領導人，或是谷歌的領導人還要忙碌嗎？他們能夠做得到，我們大家也一定能夠做到。

如果真的是在已經緊繃的狀態下工作，即便是要暫緩一下工作，讓我們也創造出能夠安排緩衝時間的環境吧！因為那樣的工作方式，缺乏以人生這麼長的期間來俯瞰時間的「宏觀」觀點。

要能夠持續地安排出緩衝時間的方法其實很簡單。就是從在一天的行程中排入緩衝時間開始。然後，也許一開始很難，不過每天不管是三十分鐘或是一個小時都務必去實行。如果將這時間拿去做實際的工作，那麼所有的努力就都白費了。

在持續這樣的生活當中，就可以規畫出有「什麼工作都不做的時間」這種行程表，很自然地一些創新的想法就會產生出來。原本認為一旦降低的工作效率，也會立刻恢復原樣，不用多久你就會發覺自己能夠發揮出比從前更高的能力。

忙碌的人對於時間的使用方式才更需要有彈性。這麼一來，從結果來看會讓效率提高，而且也許會有「雖然安排了緩衝時間，但卻能夠在和平常一樣的時間將工作完成」這種讓人開心的意外驚喜。

果斷地認定「這是一種投資」，若是對於休息、什麼事都不做的罪惡感也能夠除去，一定可以迎接新的局面。

現在是放鬆時間、現在是專注致力於工作的時間……如此這般切換模式，為了將來，讓我們一起來「投資」時間吧！

〔專欄〕中午的習慣

在午餐的回程途中，正是蒐集資訊的絕佳時機

將午餐當作「權力午餐會」（power lunch）來與工作相關人士吃飯的人很多吧！其效用在本章也有提過，頂尖領導人將午餐的機會靈活運用至最大極限。因為，「午餐結束時」正是「珍貴資訊」取得的絕佳時機。

即使也有人稱之為「午餐會議」（lunch meeting）、「商務午餐」（business lunch），不過午餐原本就是「休息」的時間。因此，不論是誰心情都會放鬆不少，無意中就說出寶貴的資訊。而這種時刻，經常出現在午餐結束的時候。各位是否有過這樣的經驗：當說出「那麼下次再見……」進入結束模式時，對方說「這麼說起來的話……」然後聽到有意思的話題，或是在午餐的回程途中，從同事那裡聽到「值得一聽的資訊」。我也曾有這樣

的經驗：在採訪結束後，要求「再問一題就好」的問題時，得到觸及核心的回答。因為，在對方心情放輕鬆的瞬間，正是蒐集資訊的最佳時機。

常常聽到「幸運女神只有劉海」（日文用來形容幸運稍縱即逝）這句話，頂尖領導人也強烈地意識到這點。千載難逢的機會來臨真的只有一瞬間。我們能夠做的，就只有努力把它拉到自己身邊。是要選擇已經達到目的了，所以快速離開現場呢？還是要選擇貪婪地想要再引出一些資訊呢？頂尖領導人壓倒性是選擇後者。

心情放鬆的瞬間＝蒐集資訊的時間，這樣下定義後，我們就可以發現頂尖領導人積極地參加聚餐或是派對的理由。大家認為「不是工作所以不去也沒關係吧」的聚會，或是高爾夫球的比賽大會，他們也似乎可以看出其中的大好機會。在參加研討會等的學習會議時，參加其結束後的聯誼會，也許能夠獲得更大的體認。知道哪裡有機會（可能性高），行動就會跟著改變。

另外，並不是只想著要問出資訊，自己本身提供可以成為「誘因」的資訊也很重要。因為覺得我們「是有意思的人」，所以對方也會對我們說有意思的話題。這意味著忙碌的人有獲得「寶貴資訊」的機會。因為在商業最前線活躍的人所說的話，不管是何種業界的頂尖領導人都會有興趣。

活用工作時間中的「休息」時間，讓自己成為對方會有興趣的人物。如果能夠做到，那麼幸運的女神一定會向大家微笑。

第3章

世界頂尖領導人所實踐的「把時間變成伙伴」的七種方法

把時間變成伙伴的七種方法——❶

每天早上不惜花時間重列「待辦事項清單」（TO DO LIST）

到目前為止，我介紹了頂尖領導人對時間的態度，還有他們獨特的想法。在各位也已經具有這樣的思維的前提下，讓我們繼續談論下去。

從第3章開始，我將介紹要像頂尖領導人那樣把時間變成伙伴的具體技巧。這其中因為有的是要「成為頂尖領導人後」，身在其位才做得到的技巧，所以也許無法所有方法都能夠立刻實踐。

但是，即便如此也絕對不要著急，可以先試著從介紹的七種方法當中，將能夠做到的一種或兩種帶進各位的生活裡。如此一來，自己的時間意識一定會有所改變，應該能夠切實地感覺到自由的時間在轉眼間增加了。

勾銷待辦事項的成就感會帶來自信

各位到公司後所做的第一件事是什麼呢？

打開電腦確認電子郵件，或者視郵件內容打電話給對方，而最近在辦公桌吃早餐的人似乎也很多。但是，頂尖領導人在打開電腦前會先確認待辦事項。

今天，自己應該要做什麼呢？

待辦事項清單是為了確認工作有無「疏忽」或「遺漏」的有效方法。花費幾分鐘的時間列出待辦事項清單，可以提升工作效率。

還有，每當完成工作後勾銷待辦事項時的成就感也非常重要。因為，雖然每一項都是小事，但是累積下來也會變成很大的自信回饋到自己身上。

當中也有些商業人士藉由盡可能地將待辦事項細分成，例如「調整會議的日程」、「將會議的日程用電子郵件寄給〇〇〇與×××」、「製作會議用的資料」等，設法讓自己感受到有更多的成就感。雖然原本只要寫出「準備會議」這類就好了，但是他們試著將內容更加細分化。

我想，也有人「本身已經有在做待辦事項清單」，不過頂尖領導人的待辦事項清單的使用方式稍微獨特一些。

首先，他們做待辦事項清單的時間不是在工作開始時，而是在工作結束時。並且，他們並不是把想到的事像筆記般列舉出來，而是從他們所要做的工作當中，以重要性高的開始依序地準確排列出來。

待辦事項清單的再度確認將左右著工作效率

在這裡所指的「重要性」，是以與人生的最終目標有何種關聯的「宏觀」，以及眼前的期限等的「微觀」，這兩方面的觀點來掌握時間的情況而言。因為他們設定好人生的最終目標，朝著目標以「往上計數下去」（count-up）的感覺在過日子，因此即使工作量非常龐大，也能夠瞬間判斷在這些當中何者應該優先做。

由此可知，在自己心中設有一個主軸能夠讓時間更加效率化。

然後，第二天。

到了公司之後，他們會先將待辦事項清單再看一次，並且做適當地修正。之所以這麼做，是因為他們的事業狀況時時刻刻都在變化。前一天的重要程度可能今天突然就變了。他們並不會直接去實行前一天所列出的待辦事項，而是以在抵達公司後這時的微觀觀點來做修正，讓清單有更高的準確度。

反觀被時間追著跑的人，會認為「與其花費這種時間倒不如趕緊動手把工作解決掉」，而捨不得花幾分鐘的時間做待辦事項清單。這麼一來，當然工作上發生疏忽或遺漏的危險性就變高了。甚至，因為自己心中沒有重要性的根據主軸，因此會變成以先來後到的順序處理工作，或者是以電子郵件的確認順序來解決。

那就如同將飛來的球一顆顆打回去的感覺，也許心情覺得舒暢，但是這卻完全不是有效率的做法。沒有仔細地看清優先順序，有可能在下班前才發現「有非得在今天之內必須完成的」需要耗費時間的案件，原本不需要加班卻變得要加班去做了。

在回家之前做好待辦事項清單，出了公司之後立刻再看一次，之後才確認電子郵件。這是頂尖領導人的工作方法。

不要被商業禮儀的迷思所困惑

順帶一提，頂尖領導人中有很多人確認電子郵件是在「出了公司後立刻」，以及「午餐後」、「回家前」等，一天內集中在這幾次。

也有領導人說一大早的郵件確認，相當於兩杯濃縮咖啡的「提神效果」。對他們而言，郵件確認也許是將自己切換成工作模式，讓自己上午的工作效能加速的「助跑」一般工作。

實際上，英國的報紙《每日電訊報》（*The Daily Telegraph*）曾刊載過一則研究結果，一旦坐在電腦前，交感神經處於優位，會有相當於兩杯咖啡因含量高的濃縮咖啡的提神效果。

然後，每次確認郵件所使用的時間要盡可能地短。詳細內容會在第4章提到，不要花太多時間一封一封地去讀、去回信，瞬間下決斷也是「判斷力」及「即刻決定能力」的養成訓練。

控制郵件的確認次數，也意味著縮短時間。

依據美國的商業雜誌《快速企業》（*Fast Company*）裡的介紹報導，有一項研究結果顯示，一旦中斷工作之後，要再回到原本的工作所需要花費的時間，平均要二十三分十五秒。

各位在一天當中會收到幾封郵件呢？

每次一收到郵件後就中斷原本的工作，如此一來就會在不自覺中浪費時間。

也許你會擔心「沒有頻繁地去確認沒有關係嗎？」每當郵件一來就去確認，就跟被時間追著跑的人那樣「把飛過來的球打回去的工作方式」一樣，是非常沒有效率的。

若真的是緊急性高的案件，不會用電子郵件寄來後就不管了。若只用電子郵件寄送，是某種程度上沒有那麼急迫的案件。除非是事前有先通知說「在〇點會寄送過去，請務必查收」等情況則另當別論，否則沒有必要每次電子郵件一來就要去確認。

像這樣「要馬上回覆郵件」等，這種在商場上被認為「應該那麼做」的習慣或禮儀中，有的稱不上是有效率的。捨棄「因為在公司是這麼學的」這類的迷思，檢視自己的行動後，還能夠找得到更多增加效率的技巧。

把時間變成伙伴的七種方法——❷

使用的不是筆記型電腦，而是「不用花時間開闔的平板電腦」

為了有「什麼事都不做的時間」，要減少時間的浪費

再次強調，頂尖領導人的日常生活是非常忙碌的。需要做的事相當多，當然行程也都十分緊湊。但是另一方面，他們也不會忘記要安排「什麼工作都不做的時間」，為了將來而投資時間。因為他們知道以後會變成好幾倍、數十倍的價值回饋進來。

話雖如此，在辛苦繁忙的工作當中，要擠出「什麼事都不做的緩衝時間」並不是簡單的事。因此他們所執行的，是將浪費時間徹底地排除掉。有點像是禪修問答，為了安排出「什麼都不做的時間」，要將日常的工作及動作都效率化至極限。

這世界上有許多縮短時間的技巧，當然他們也都有運用它們來做到縮短時間。不過，我在這裡就不做平凡無奇的技巧介紹了，頂尖領導人所實踐的，是更加自我克制且細膩的「時間縮短」。在此介紹其中一例。

愛用錄音筆、眼罩、耳塞

例如，頂尖領導人不太會攜帶筆記型電腦。取而代之，他們愛用的是「平板電腦」。末川久幸（資生堂前社長）也是其中一人。

這兩者的差異在於上蓋的開闔時間和啟動的速度。對重視速度的他們而言，高性能的筆記型電腦還是不夠的。頂尖領導人連短短數秒的浪費也不允許。

另外，頂尖領導人中經常帶著錄音筆的人也很多。原田泳幸（倍樂生控股〔Benesse Holdings〕董事長兼總經理）也常常隨身攜帶錄音筆。

除了用於錄製會議等議事內容外，更主要是用在突然有什麼靈感出現的時候，或是外出時有會面的約定時，錄音下來取代筆記。

從公事包裡拿出筆和記事本，然後寫筆記……與其做這一連串的動作，倒不如每當想起某件事時，從口袋裡拿出錄音筆來錄音更迅速。

因此，甚至也有人將錄音筆拿進臥室，放在枕邊。是為了將在就寢前看書時獲得的資訊，或是剛睡醒時浮現的點子毫不遺漏地錄下來。然後，將語音筆記請祕書等職員記錄成文字後，自己再檢視一次內容。

還有，眼罩對他們而言也是必需品。人類原本就是在暗處且安靜的環境下比較能夠安心地睡覺。戴上眼罩，可以縮短入睡的時間，即使時間不長也能夠得到高品質的睡眠。

順帶一提，也有頂尖領導人不只使用眼罩，也會使用耳塞。不單是遮光，也擋住不必要的聲音，藉此來追求更高品質的睡眠。

不是坐車，而是選用腳踏車當成交通工具的理由

若要說到比較令人意外之處，是最近使用腳踏車做為交通工具的領導人增

加了。當然，如果成了「頂尖中的頂尖者」，有司機開車，可以在車內看報紙、打電話給家人……這樣的生活方式是比較一般的吧！但是，不喜歡耗時坐車的年輕領導人，或是在意健康的領導人，會選擇腳踏車做為交通工具。

首先，如果是腳踏車，不會塞車，所以能夠純粹用自己的速度感去計算譬如說「二十分鐘會到達」。對行程安排狂的他們而言，是非常適合的。在都會區裡，某些時段還會比坐車更早抵達。

並且，騎腳踏車在街道上的時間，是能夠很自然地用視覺蒐集資訊的有意義的時間。與從車窗眺望街道相比，騎著腳踏車，實際聽到街道的聲音所獲得的資訊會比較多。

最近像亞馬遜日本（Amazon Japan）等企業，也有在公司內設置腳踏車通勤者專用的淋浴間。是要安穩地坐車通勤呢？還是利用機動性佳的腳踏車通勤呢？如果能夠自由地依照當天的行程來選擇，效率會更加提升。

這些自我克制的縮短時間技巧，有很多是外出以及出差機會很多的他們親自體驗出來的。

他們會去思考「筆記型電腦的話沒有辦法可以立刻查資料」、「在沒有紙跟筆的放鬆時刻，更會有靈感浮現出來。有沒有什麼方法可以在靈感消失前記錄下來呢」等，然後在不斷地嘗試之後，結論就是使用這些工具。

優秀的投資家投資巨額在自己所相信的績優股票上，但是在平常卻是節儉者的例子很多。若說他們是「理財達人」，那麼頂尖領導人就是「時間達人」。他們為了自己所堅信的目標願意每天投資一小時，卻不允許打開筆記型電腦時數秒鐘的浪費……這種有彈性的時間使用方式，也許正是他們可以持續把時間當成伙伴的祕訣。

把時間變成伙伴的七種方法——❸

藉由「散步會議」產生一心多用的相乘效果

不會讓工作效率降低的「一心多用」魔法

許多頂尖領導人可以做到同時進行多樣工作的「一心多用」。

雖說如此，有關「一心多用」、「同時進行」的效率，包括科學的驗證等在內有各種說法，這當中也有一說是，這樣「反而會讓工作效率降低」。也因此，也許有人至今刻意地避免這種做法。

當然，像是一邊看電視一邊處理事務，或是一邊講話一邊回覆郵件，不論是對哪一件事注意力都會下降，導致工作效率降低吧！

但是，頂尖領導人知道不會導致這種結果的「正確的一心多用」。這是不僅會讓工作更有效率，還可以藉由同時進行來產生相乘效果的「一心多用」魔法。

例如，頂尖領導人會與新的工作客戶吃午餐，進行「權力午餐會」，這是將一定要做的「吃飯」及「開會」這兩件事同時進行的一種很棒的一心多用。

因為不需要專注在吃飯上，因此可以專注於對話，有時也可以一邊看資料一邊進行會議。而且，吃飯時一放鬆心情，也有下述這些好處：彼此比較容易直率地說出意見、談話比較容易達成共識、容易產生同伴意識。

不過，若是晚上的「餐會」，那又另當別論了。因為晚上難免會喝酒，因此在餐後若還要工作，效率會明顯下降。但如果是午餐，彼此就都知道「下午還要工作」。趁沒有喝酒的時候，在短時間內把事情解決也是一種縮短時間的方法。

同時，若是晚餐餐會，有可能變成「明天確認之後再聯絡」的事情；午餐餐會，就會是「回公司後立刻確認」的情況，生意的進展也會較為快速。

這對女性來說也許有些困難，不過若是輕食午餐，會議也有可能「續攤」。權力午餐會在所有意義上都是有效率的。

輕度運動能提高專注力及生產率

頂尖領導人也推薦一邊走路一邊開會的「散步會議」。像是蘋果公司的創辦人史帝夫．賈伯斯、臉書（Facebook）的創辦人馬克．祖克柏（Mark Zuckerberg）、推特（Twitter）的創辦人傑克．多西（Jack Dorsey），都是知名的散步會議的支持者。

散步會議是「為了維持健康的運動」和「會議」同時進行的一心多用。由於不需要專注在走路上，因此可以專注於對話。

並肩而行會產生「一起致力於工作的」團結感，也有容易溝通的好處。

我不確定他們是否經過深入了解後才推薦的，不過根據健身專家的研究結果顯示，人類的思考力會由於單純地站起來這種程度的動作，或僅是走一些路就會有所提升。這是由於藉著增加些微心跳數，能夠讓更多的氧氣送達腦部，讓專注力及生產率都增加。

也就是說，散步會議可以活化腦部，在保持良好的溝通下能夠直率地交換意見，可以說是開會的最佳環境。

將走路的效用運用在事業上的，不只限於矽谷（Silicon Valley）文化。日本電產創始人永守重信，也是一邊走路一邊思考的知名人士。

永守先生不是在室外走，而是在公司裡面走。藉由親眼看到實際的工作現場，可以知道「這個部門很有活力」等氛圍，也能夠坦率地跟員工們溝通。

在一般的企業，員工無法直接提案給總經理或社長，不過聽說由於永守先生的這種方式，讓員工直接表達出想法的情形很多。另外，利用走路讓氧氣輸送至腦部，也讓想法變得正向積極，有建設性的點子自然會湧現出來。

這可以說是，「與現場的溝通」和「思考時間」同時進行的美妙的一心多用吧！

沒有椅子的會議室

最近幾年，像佳能電子（Canon Electronics）或 CyberAgent 等，為了要站著開會而設置沒有椅子的會議室的企業也增加了。這在剛剛所介紹的「提升思考力」的意義上，是非常值得一試的做法。因為只是站著開會，因此不管在何種職場環境中，不用花費任何成本就能夠立刻做到，所以可以試著提案看看。

以下是我個人的意見，一般認為「站著開會好幾個小時」是很辛苦的事。這樣大家就會在無意識中想要「早一點結束」，如此一來就有讓原本看起來冗長會拖延時間的會議，在短時間內結束的效果。

把時間變成伙伴的七種方法——❹

讓「輸入」與「輸出」同等量

向美國前總統布希學習蒐集資訊的技巧

各位有沒有想過為了要持續活躍在商場的最前線，所需要的是什麼呢？

頂尖領導人從年輕的時候開始，就用一二〇%的力量致力於工作而獲得成功，真的是「最前線」的一群人。他們認為將獲取資訊的「輸入（input）時間」與將其資訊具體化的「輸出（output）時間」同等量分配，是為了在商場最前線持續活躍下去最重要的事。

有關輸出，因為這是忙碌於工作的人經常被要求的事，所以幾乎沒有要去意識它的必要吧！但是相反地，愈是忙碌的人愈會忽略的是輸入。

特別是在現今，商場瞬息萬變，一般程度的流行變化也十分快速，因此如果只有手邊的資訊馬上就「落伍了」，也無法與人競爭。儘管古典等這些古老美好的東西是教養的基本，但仍然要去尋求符合時代潮流，並且選擇更加容易傳遞的表現方式。因此，他們總是擴展興趣、關心的領域，以持續地獲取資訊。

並且，他們同時也有計畫性地將最新的優質資訊蒐集到自己身邊。因此，他們不會因為「為了想出○○的點子必須去蒐集資訊不可」而感到慌張。他們將資訊蒐集習慣化，融入日常的生活中，所以沒有只單純為了蒐集資訊的損耗時間，而能隨時保持在商場最前線戰鬥的態勢。

參加聚會等活動後，會對頂尖領導人對於資訊之貪婪感到驚訝。

他們一般會抱著「想要和○○公司的×××先生說話」的目的意識參加聚會，但是「蒐集有意思的資訊」，卻也是另一個經常提到的目的。這也可以說是為了要確實地獲取優質資訊的人脈經營吧！

因此，他們也具有追獵精神，一旦發現看起來擁有新穎資訊的人，或是有權勢的業界中心人物，他們會拚命地往目標物靠近。

例如，以前在某聚會上跟美國前總統喬治・華克・布希（George Walker Bush）一起的時候，他目不轉睛地望向推特的創辦人之一比茲・斯通（Biz

Stone）。這是七、八年前的事，因此是推特創建後僅一兩年時的事。當時在日本還有很多人都不知道推特的存在。

但是，布希前總統說了「一直想要和你說說話」後，便自己一人朝向在會場角落的比茲．斯通走過去。這是一則可以感受到頂尖領導人的資訊感受度很高的小故事。

利用獨自的分門別類方式，讓偶像資訊也成為點子的來源

日本的頂尖領導人也不輸人。

他們對潮流趨勢非常敏銳，「哪一家企業正在竄起」這種商業話題就不用說了，從AKB48等的偶像人物到健康、甜點，興趣之廣泛為其特徵。

我曾經問過經濟學者竹中平藏：「去年有和您一起參加韓國的經濟論壇。今年您也有參加嗎？」他回答說：「我沒辦法去好可惜喔！因為今年的開場佳

賓是少女時代耶！」一番話炒熱現場氣氛。那時，少女時代才剛在日本走紅沒多久。

我不只訝異他連偶像團體的事也知道，更佩服利用這樣的詼諧話語緩和周遭人們氣氛的竹中先生的技巧。

不僅是單純地把潮流趨勢變成自己的知識，還將其結合自己的興趣、關心的事，然後抽象化在腦內做好獨自的分門別類，也是頂尖領導人所擅長的。

如此一來，在提到新人培訓的話題時就會想到甜點的流行趨勢，在考慮到工作的效率化時就會想到為了培育人氣偶像的策略，創造轉變成別人絕對想不出來的點子。

一天六分鐘的閱讀，讓商業人士從壓力中解脫

當然，書本或是雜誌、報紙，對他們而言都是重要的資訊蒐集工具之一。

為了吸取時代的大脈動，大部分的人都習慣閱讀報紙。也有人會訂閱多份不同家的報紙，想辦法獲取立場不偏頗的資訊。

有關書本的話則反映出國情，日本的頂尖領導人喜好歷史讀物，當中他們喜愛閱讀的有《三國志》、《論語》、《孟子》、《孫子》等書籍。

若是偏向娛樂性質，有司馬遼太郎的《龍馬行》、《坂上之雲》等。甚至也有人誇口說：「學習歷史，就可以知道人生所有問題的答案」，由此可發現這些書本對他們而言，就像《聖經》般權威性地存在。

而外國的頂尖領導人在學生時代，就確實地閱讀希臘神話或是湯瑪斯・霍布斯（Thomas Hobbes）的《利維坦》（*Leviathan*）、尚－雅克・盧梭（Jean-Jacques Rousseau）的《社會契約論》（*The Social Contract*）等有關政治或哲學的書，而且反覆閱讀的人似乎也不少。

順帶一提，依據艾塞克斯大學（University of Essex）的研究證明，一天只要閱讀六分鐘就能夠減少整體近七成的壓力。另外，根據加州大學柏克萊分校的研究顯示，有讀書習慣的人罹患阿茲海默症的機率較低。

不知道是不是因為意識到這些，像出口治明（LIFENET 生命保險董事長兼執行長）或是國際新聞工作者蟹瀨誠一等，會將就寢前的時間用來閱讀的頂尖領導人非常多，也是事實。

蒐集資訊的習慣，從結果看來幫助他們將做為武器的頭腦及精神保持健全。

像這般被「輸入」的資訊，即使沒有具體運用在工作上，但是藉著從第二天開始融入至生活中，或是在別的聚會場合上談論，而漸漸地「輸出」出去。反過來說，就是因為他們持續地輸入，所以也才能夠持續地輸出吧！

讓我們將資訊的新陳代謝更加活化，成為一直都可以在最前線戰鬥的商業人士吧！

把時間變成伙伴的七種方法——❺

邀請家人參加聚會，盡「父親的責任」

家人是構築信用的優勢資源

看了頂尖領導人對時間堅忍的態度，相信各位都能夠了解他們是非常有合理思考方式的合乎邏輯的人。

儘管如此，他們很多都是有妻子、有小孩的有家室之人。

當中也有人會向周圍的人展現自己良好的家庭環境（雖然實際上如何不太清楚）。這麼一來，對時間的堅忍只有在商場面上，私底下為了得到家人的信賴，他們有時也會犧牲自己的時間嗎？

不過，將自己的時間看得比任何東西都還重要的頂尖領導人，是不會背叛我們的期待的。事實上，他們用有些令人驚訝的方法讓工作及私事可以兩立。

原本頂尖領導人重視家庭，就是因為對他們而言家人是療癒的存在，是支持他們最重要的存在。並且，也要守護公司及員工等，要守護的東西很多的他們認為「自己最必須要去守護的是家人」。就是這個核心點，不論在哪位領導人身上都是共通的。

當然，這並不只是冠冕堂皇的場面話而已。他們知道，維持良好的家庭關係牽涉到在社會上的信用，是對周圍人的一種良好展現。信用無法用金錢購買，而且要構築起信用比做其他任何事都還要花費時間。倘若知道家人的存在對其「縮短時間」有助益，沒有人會不去有效地利用。

雖然有點難以啟齒，不過很多頂尖領導人甚至把家人當成時間的「優勢資源」在使用。只是，在忙碌的生活當中，要去盡到做丈夫、做父親的責任是很辛苦的。而這是無法委託給部下去做，也不是用金錢就能夠解決的事。

於是，頂尖領導人實行了終極的「一心多用」。就是讓家人參加工作場合的聚會，同時進行「工作」及「陪伴家人」這兩件事。

在行進的車中不是回覆郵件，而是打電話給妻子

確實，對頂尖領導人來說司空見慣的聚會，對家人而言並不常有。盛裝打扮出席「正式」的場合，對家屬而言也是愉快的經驗吧！

讓妻子及小孩看到「工作中父親（丈夫）的樣子」，也能夠自信地說「這是為了家人在努力」。

若是有考慮「將來要讓小孩繼承公司」的頂尖領導人，這也可以說是把小孩介紹給大家最好的機會。讓家人參加聚會是一石二鳥甚至是一石三鳥，是「可以產生相乘效果的一心多用」。

另外，雖然沒辦法分給家人較長的時間，但取而代之的是持續每天的短時間接觸，這也是頂尖領導人的技巧。

例如，上班時順便用車子送小孩去學校，或是決定「每天的早餐（晚餐）

一定和家人共用」。也有頂尖領導人「在搭計程車的幾分鐘時間一定會打電話給妻子」。

若是考量對自己的效用，與其在短時間內要確認好幾封郵件然後匆忙回覆，倒不如打電話給家人與他們聊天才是上策。他們會仔細計算CP值，選擇是要打電話給家人，或是回覆工作上的郵件。

與家人相處的時間，對他們而言全都被賦予「是為了讓身心休息的放鬆時間」的意義。但是，如果妻子或小孩會不滿地表示「爸爸總是一直在工作，都不重視家人」，那麼就不能夠一起放鬆休息。

如果是這樣，為了要達到自己所提出的「放鬆」這個目的，與家人維持良好的關係是必要的。因此，每天的溝通是不可或缺的……他們驚人地合理逆向思考後，去做到要陪伴家人。

超合理的？因為不想煩惱，所以乾脆早婚

順帶一提，「早婚」也是頂尖領導人的特徵。近年來，在日本「晚婚化」受到關注，不過這似乎不太適用在頂尖領導人身上。

因為包括日本在內，全世界各大企業現在還是會以「已婚」來當作可以獨當一面的標準之一，「想要飛黃騰達，妻子是必要的」這種例子還是存在。我們看到在選舉等場合，得到「賢內助的幫忙」的政治家很多，好像他們的成功是緊密地與婚姻聯繫在一起般。也曾經聽到在貿易公司工作的男性說：「若是單身，不能被派駐國外。」

那麼，若要結婚，對象不論是誰都沒關係嗎？並非如此。

特別是在歐美，還是有很多人在意結婚對象的家世及「地位」。單純意義上的「戀愛結婚」似乎不被推薦。

當然，並不是所有的頂尖領導人都在相親，就我所看到的，有很多人是和

同一所大學畢業的女性結婚。

若是同一所大學，可以證明對方和自己有相同程度的教養，而且如果是培育出許多頂尖領導人的名門私立大學，也可以證明對方出生於能夠負擔高額學費（舉一個例子，美國的哈佛大學與耶魯大學，學費及住宿費合計，一年要花費五百五十萬日圓以上。與日本一般的私立大學相比，是好幾倍的金額），經濟狀況良好的家庭（＝很多是家世也很好的家庭）。同一所大學畢業，可以達到一種篩選的作用。

另外，因為他們認為煩惱是最浪費時間的事，所以在思考結婚時也幾乎不去煩惱。在某種程度的交往後，若是沒有太大的問題或是價值觀沒有差異，就可以了。

「自己還有沒有其他命中注定的對象呢？」等，像賭博般可能性很低的事，他們不會去追求。

充分地理解其好處，好好地珍惜家人

如果這樣聽起來，會讓人以為頂尖領導人宛如「是為了自己而利用家人的冷酷無情者」，我感到很抱歉。但是，就像一開始所說的，他們「想要珍惜家人」的這份心意是真的。如果沒有家人支持，就無法專注在事業上，有妻子及小孩的存在確實會提高幹勁。

並且，有家人會讓生活安穩，維持良好的關係就能擔保會有「回家後可以放鬆」的優質環境。他們充分地理解家人給自己的好處及其價值。

就因為合理地在思考，所以想要去珍惜能給予自己非常大效用的家人。因為這未免是太過於理性的思考方式，或許有人會不太能夠接受。但是，不管動機為何，以「忙碌」為理由去重視家庭的態度，是值得讓人給予正面評價，不是嗎？

把時間變成伙伴的七種方法——❻

切斷電源以獲得「自己的時間」

不去參加沒有好處的會議及聚會

頂尖領導人經常意識到「現在是為了做什麼的時間」，並且以微觀及宏觀的觀點來看時間，藉此來做出最佳的選擇。因此，即使有「希望自己出席」的會議或聚會的邀約，若是覺得在工作上不必要，或是對自己沒有好處，就會堅持且果斷地拒絕。

甚至連在工作上被視為重要做法的「報告、聯絡、商量」，也有人認為「不要每一件事都來報告」。未來工業社長山田雅裕斷然地說：「從出差的地點打電話回來說『現在要回去了』，是時間和電話費的浪費。」

這樣說來，也許會讓人覺得「這實在是太以自我為中心的想法」，不過頂尖領導人卻有不得不這麼做的理由。因為他們擁有各式各樣的資訊及權限，想要和自己會面的人非常多，想要聽自己意見的人也很多。以物理性來思考，若是所有的要求都去回應，那麼能夠使用在自己身上的時間就沒有了。

如果考量到這樣的情況，反而會佩服他們積極的行為。因為他們經常渴望新的資訊，尋求點子的來源，因此若是以自我的判斷基準覺得「似乎很有意思」，即使是和工作沒有直接關係的聚會，他們也會踩著輕快的步伐參與。

雖說如此，各位要只憑自己的判斷基準來決定「是否要參加這個會議」，在現實面是很困難的吧！雖然自己不想參加，但是被上司命令說「要參加」，就無話可說了。我也非常了解各位的情況。

他們之所以能夠依照自己的判斷來「拒絕」，其理由是來自於「在那麼忙碌當中還抽空前來……」這種周遭人士所抱持的想法。

也就是說，因為他們常常是發揮一二〇%的實力在處理大量的工作，因此周遭的人都認為他們「是非常忙碌的人」。有那麼多案件，晚上也是每天都有餐會，沒有那麼容易可以約得到他們吧！這麼一來，「能不能夠來的機率是一半一半」，在邀約的當下很自然地就認為「會有被拒絕的可能性」。

所以，即使拒絕了也不會被責怪說「好過分！」反而是，如果參加了會被感謝：「這麼忙碌的人還特別把其他事暫緩，抽空來參加。」

不符合現實狀態，或是經驗不足的商業人士的「忙碌展現」會被周遭的人嫌惡，但如果是符合現實狀態的「忙碌展現」，在拒絕的場面上是有幫助的。

成為頂尖人士後，變得很難約得到是理所當然的。因為自己本人也理解到給人的這種印象，所以他們不會擔心「也許會失去人氣聲望」等，認為「沒辦法的事就是沒辦法」而予以拒絕。

運用「忙碌展現」來減少壓力

然而，他們厲害之處，是從還年輕時開始就巧妙運用「忙碌展現」，來屏除不必要的聚會或會議。

不可否認他們從年輕時開始就很忙碌的事實，我一直在猜想他們全力地工作，是有意圖地要塑造出自己是「總是為了工作忙得不可開交，有邀約也無法出席的人」的這種形象。

商業人士之所以會感到有壓力，不就是因為要被迫去參加和自己幾乎毫無關係的會議，而長時間無法脫身，還有要參加「聯誼會」等聚會，與無趣的成員喝酒嗎？也就是說，身處於覺得「無意義」，但自己卻又無法掌控的環境中，這就是壓力。

而另一方面，頂尖領導人也許從年輕時開始就很忙碌，但是他們認為那些都是為了自己所訂定的人生最終目標所「必要」做的事。若是有目的意識，認同自己的時間使用方式，忙碌也不至於成為太大的壓力。全力地埋首工作，就能夠將時間的浪費及壓力都排除掉。

為了「集中時間」，有時會失蹤一下

頂尖領導人為了擠出自己的時間所進行的防禦動作，不僅只有拒絕邀約。因為他們很重視等待工作靈感降臨的「思考時間」，所以想要確保能夠有一個人獨處的時間。因此，有時候他們會關掉手機的電源，或是有幾個小時溜到外面消失一段時間。阿瑞安娜・赫芬頓（Arianna Huffington，《赫芬頓郵報》〔*The Huffington Post*〕創辦人）就是這麼做。

若是要說在這段時間他們所做的事，就是在喜歡的咖啡廳裡看看書，或是思考事情，只不過，在公司內這種不知道何時會有電話來打擾的環境思考，與不會被任何人打擾的安靜咖啡廳內思考，其效率是天差地遠。

以多少會給周遭人帶來一些不安的這點來看，這並不是很向各位推薦的方法。但是，在屬於自己的專注環境內的「一個人的時間」，對商業人士而言是必要的。

首先，讓我們在沒有工作的週末或是睡前的幾個小時將手機的電源關掉，安排出「思考時間」吧！不會被電子郵件、電話、網路的誘惑打擾的時間，對現代人來說或許是很珍貴的。

把時間變成伙伴的七種方法——❼

與能夠信賴的伙伴搭檔，消除因「對立」所產生的時間浪費

光有工作效能無法和頂尖領導人共事

在論述到溝通的書籍裡，經常會提到「他人及過去無法改變。自己及未來可以改變」這句話。以律己及支配時間來朝目標邁進的頂尖領導人而言，最後的敵人也許就是他人。

那麼，他們決定事業伙伴的標準究竟是什麼呢？到目前為止，我們介紹了他們非常理性的思考方式，我想有很多人會認為他們是看對方「有沒有能力吧」！

但是，事實上對他們而言，最重要的是「在一起覺得舒服」這種感覺的部分。氛圍或是精神支柱、價值觀是否和自己相似，有無共通的言語、共同的體驗，語言是否相通。重點的部分當然會因人而異，但是「容易溝通」這點卻比什麼都重要。

當然，因為是成為頂尖領導人事業伙伴的人物，大前提是要比一般人「會做事」、「有用處的人物」，不過，這卻不是最重要的事項。

因此，即使「在〇〇的領域上，B先生比A先生擁有更專業的知識及技術」，但若是覺得「和B先生比起來，與A先生感覺較合得來」，他們會毫不猶豫地選擇A先生做為事業伙伴。這好像有些意外，不過要與頂尖領導人發展事業，超越與工作效能相關部分的「人與人之間的往來」是必要的。

他們之所以會以感覺的部分為優先，是因為他們認為「為了要去解決情感的對立，或是溝通不良所花費的時間，比其他任何事都還要浪費」。

若是價值觀相同，只要稍微說明，對方就能夠理解自己的想法，並且只要有一個大方向，之後就能夠安心地將事情委任給對方。他們所不喜歡的集會或是會議，報告、聯絡、商量等的浪費，都可以大幅刪減。

另一方面，不論多麼有能力，在基本價值觀的部分若是有所不同，或是用平常自己所使用的言語無法傳達所要表達的意思，被過度解讀，而遲遲無法建構人際關係……這些在溝通上有困難時，就必須花費時間去解決。

若是擔心是否有將自己的意思真正地傳達給對方，或是擔心對方是否有按照自己所吩咐的工作去做，就會希望對方逐一地向自己報告進度吧！考量到其壓力會造成效率降低，就會發現壞處是不可估算的。以感覺的部分為優先，對將時間效率放在第一位的他們而言，可以說實在是合理的一種選擇取捨。

初次見面的閒聊，對雙方而言是審查的時刻

由趣味相投的人一起組合搭檔，在蘋果公司、谷歌、臉書等的矽谷ＩＴ企業內已經是一種文化。在日本的一些ＩＴ創新企業中，有許多也是親密伙伴一起創業的。

如果以大企業來說，像是羅森（LAWSON）的前社長新浪剛史（現為三得利控股〔Suntory Holdings〕社長），與現任羅森社長玉塚元一，是親近到互相

稱呼對方「大猩猩1」、「大猩猩2」的趣味相投好友。雖然年紀不同，但是他們同樣是慶應義塾大學畢業，學生時代都有加入學校的體育會。並且，兩人都在美國取得MBA等的共通點很多，從以前開始就有深交。

用也可稱為「直覺」或是「感覺」的部分來判斷一個人，或許會令人擔心，但是他們相信自己「識人的眼光」。

也就是說，他們在經營者的簡單集會等這類初次見面的會議上，一邊閒聊一邊觀察對方，瞬間判斷相處方式。頂尖者當中，「閒聊的達人」很多，是因為他們覺得自己也在被對方審查吧！容易被輕忽考量的初次見面時的談話，對雙方而言其實也是嚴格檢測的時刻。

「容易相處」比技能還重要

如果各位站在上司的立場，對於「有能力但是卻很難使喚的員工」感到困擾，下次也許就寧可將工作委任給「好相處的員工」試看看。社會上一般會認為依據工作上的技能來交辦工作較佳，但是「好做事」、「容易溝通」也是出色的技能之一。甚至還更加重要。理由是因為，技能可以藉由訓練來補足，但是好不好相處這種人與人之間的化學元素，卻不是輕易能夠改變的。

就如同前面所提到的「與氛圍或是精神支柱相似的人比較容易溝通」，這就是最一般的例子。

自己與什麼樣的人一起工作會感到「容易做事」呢？檢視過去的事例，來找出屬於自己的「工作對象之成功法則」吧！在企業上班的年輕商業人士或許無法自己選擇工作對象，但是多看一些成功經驗，對將來一定會有幫助。

頂尖領導人不論在什麼樣的情況下，自己都能夠適度地努力，並且採取提升工作效率的方法。我們若是想要有效地使用時間，試著仿效他們，也是一種方法。

〔專欄〕晚上的習慣

仰慕者是在晚上產生的——讓事業加速發展的說話技巧

成為「頂尖中的頂尖者」的領導人，既非只是會工作的人，也非擁有巨額財富的人。他們是有人格的人，也是能夠冷靜地發展事業，在這兩者中取得平衡的人。仔細看他們就會明白，若不是被周遭的人所愛戴，就無法攀登到最高層。（在商場上的）敵人不論有多少，只要有更多的仰慕者支持自己，就可以加快事業的速度。也就是說，將其他人變成自己的伙伴，也關係到時間的效率化。他們增加自己的仰慕者，是在派對等場合進行「閒聊」的時候。因為他們自知這點，所以當然也就會去琢磨「閒聊」的技巧。

他們已經習以為常的初次見面時的閒談技巧，並非全然都是困難的。例如，記得對方的名字。我曾經和政治家龜井靜香一起上節目，他連負責端茶的工作人員的姓名都記得，藉此來抓住人心。這也是他們向對方表達尊敬的表現吧！

「成為資訊提供者」也是他們擅長的技巧。說一些對方有興趣的話題，給予他們獲知的喜悅。可能也有人對於「說話」這件事感到不擅長，但即便是一兩分鐘簡短的談話也無妨。那樣，寫出簡單的底稿，把它背下來也不失為好方法！「訴說具體的偉大夢想」是稍微高階者的技巧，一定會有人著迷其夢想而「想要參與協助」。特別是ＩＴ企業頂尖者的願景，曾經好幾次都令我感到欽佩。

例如，推特的創辦人之一比茲．斯通，在推特創建初期曾經自信滿滿地說：「在不久的將來，這項服務會讓任何人都成為發信者的時代來臨了。」聽了他的這番話，讓人覺得那樣的時代真的會到來，連我也興奮期待著。結果，我現在真的在如同他所說的「將來」生活著。

即使變成大人了，也能夠訴說少年般的夢想。很多人都被頂尖者描繪著未來時的單純樣子所吸引。然後，期待他們可能實現夢想的實力，就會提到協助與投資的話題。

把自己的夢想變成「大家的夢想」，這一點也是他們被愛戴的理由吧！

第4章

世界頂尖領導人「提升效率」的六種時間術

提升效率的六種時間術——❶

記錄工作時間，追究「浪費時間的原因」

在最後這一章要介紹的是，為了要像頂尖領導人那樣提升時間使用方式的效率，更加具體的訓練方法。

雖然時間是看不見的存在，但是就如同鍛鍊身體般地消除時間浪費，就可以養成剛柔並濟的使用方式。依照訓練的不同，時間的使用方式也會有所改變。

這裡備齊了簡單的訓練項目，讓年輕世代的一輩也能夠立刻在生活中，融入並非「只有頂尖領導人」才做得到的方法。不管哪一種訓練，讓我們從容易著手的項目開始挑戰，穩健迅速地提升效率吧！

只憑感覺行動最浪費時間

為了要將時間變成自己的伙伴，一開始應該要做的是掌握「自己的工作時間」。

在第2章中也有稍微提及，例如，從家裡出門到公司的通勤時間要三十五分鐘，回覆一封電子郵件要三分鐘，做出專案企畫書要一二〇分鐘……而這不只用在工作上。如果去站著吃的麵店吃午餐要十五分鐘，跟同事在定食餐廳吃午餐要四十分鐘，在家洗澡時間要二十分鐘，對身體最佳的睡眠時間要三六〇分鐘（六小時）等，像這些工作之外的事，或是個人每天要做的事，自己都花費多少時間呢？請各位不妨好好地計算一次。

為了要將對各位而言還是敵人的可能性較高的「時間」變成伙伴，要做的是去面對時間、研究時間。

「感覺差不多就這樣吧！」這種憑感覺來行動，是造成時間浪費的原因之一。掌握工作時間，可以讓每天的行程管理變得更加沒有浪費的時間；反之，可以讓自己不再因粗略地預估，攬下超過自己能夠負荷的工作，而苦於離譜的時間安排。

掌管家計的主婦，會利用家計簿來管理收入及支出流向的人很多。雖然並不會因為用了家計簿就可以讓收入增加，但是藉由發現自己「原來在伙食費上花了這麼多錢」，或是感受到「交通費支出怎麼這麼多」，就會開始去思考「下個月要將重點放在這些上面，努力減少浪費」。

幾年前，「記錄式減肥法」這種每天量體重，留下記錄的減肥方法非常流行，也是屬於相同的原理。不管是掌握金錢的流向，或是掌握體重，或者是掌握時間，人們用自己的眼睛去看，並且面對現實，然後才能夠發現自己「到底有哪些是浪費的」。

稍微花點心思是提升效率的關鍵

一開始也許會覺得有些麻煩，但這並不是永久非持續下去不可的課業。某種程度的計量後，知道「平均會花多久時間」，就可以進行下一個步驟。

例如，若是回覆一封郵件要花五分鐘以上，就要追究為什麼這麼耗時的原因，然後思考如何改善。

如果是因為無法立即找到所需資料，將桌子整理乾淨，回信的速度就會顯著地提升吧！

也許還可以花一點心思，例如將使用中的資料做成PDF檔存在電腦裡，或是更詳細地去分門別類等。

另外，要說明複雜的內容時，若是要花很多「時間思考句子」，學習商業書信的寫法似乎也是一個解決方法。不然索性放棄寫郵件，直接打電話簡單說明，也可以縮短時間，不是嗎？

以「提升效率」為目的來面對時間，就會有各式各樣的選項浮現。也有可能會發現應該要再次檢討時間使用方式的情形。

如果通勤的時間長，就要思考整體加總的時間可以做什麼；如果通勤時間短，就去思考在這麼短的時間內能夠做的事。

例如，六十分鐘車程的電車，來回就有一百二十分鐘。這時閱讀古典名著來提升素養也不錯。相反地，如果搭乘電車的時間只有十分鐘，與其只讀幾頁的書，倒不如把這段時間做為冥想的時間，或許還有助於之後效能表現的提升。

有時間意識的人做簡報時不會超時

知道自己的工作時間，有助於提高對時間的敏感度。這是能夠實際感受到時間流逝的力量。

以「感覺差不多就這樣吧！」這種態度來掌控時間的人，不會知道現在究竟過了多少時間。因此，常常會發生「覺察到的時候已經這麼晚了」這種苦惱的狀況。

另一方面，若是知道「自己在這項工作上會花費〇分鐘左右」，就已經處在敏感度高的「時間意識」的狀態下。

不必看鐘錶就能夠憑感覺知道「今天比平常多花了時間」、「比昨天還要早完成」等。

這種感覺對於在做簡報的時候，或是在聚會上被拜託發表「○分鐘」致詞的時候都有幫助。愈是經常會超時，或是焦急以致說太快的人，愈是應該掌握這種感覺，不是嗎？

為了消除時間的浪費，更加提升效率，必須要先認清現實。

提升效率的六種時間術——❷

一秒鐘決定午餐吃什麼，鍛鍊「決斷力」

頂尖領導人決斷迅速的理由

「決斷力」、「即刻決定能力」是頂尖領導人的特徵之一。他們之所以能夠應付龐大的工作量，也就是因為他們決斷迅速。

他們能快速地判斷有幾個理由。

第一，因為他們所有的選擇都是與三十年後、五十年後的人生最終目標相對照後決定的。「自終點的角度來看，現在的自己是處在哪一階段？」利用這樣將時間聚焦放大及拉遠縮小的方式，就能夠立即掌握現在應該做的事。

第二，因為他們對自己的判斷有自信。

頂尖領導人經常被迫要在各種局面中下決斷，因此他們的決斷經驗相當豐富。絕對的「量」最終會關係到絕對的「質」，這適用在任何事情上。他們累積「決定」的經驗讓自己熟練地去下決斷，而因其決斷所獲得的成果，培育出「自己的決斷是正確的」的這種自信。如果年紀還輕，也許需要再累積一些經驗。

第三，是由於他們「煩惱最浪費時間」這樣的主張。

頂尖領導人認為「煩惱」與「思考」完全是不同的兩件事。在被迫決斷時，困惑於「應該做呢？還是不應該做呢？」這種事，不是思考而是煩惱。

準確地掌握狀況，就不必困惑。根據數字立刻說出「GO」就好了。如果因此感到困惑，就表示沒有掌握好狀況＝學習不足，或者終究是沒有自信，這兩種情況中的其中一種了。

即使沒有信心也應該去做嗎？還是退出比較好呢？隨著狀況的變化，判斷可能也會有所改變，不過若是與自己所設定好的人生最終目標相對照，應該是可以立即下決斷。如果是學習不足，那麼只要去學習就好了。無論如何都不需要去煩惱。

利用午餐時的點餐來累積小小的成功體驗

各位若是為了要鍛鍊「決斷力」、「即刻決定能力」，能夠去做的就是加快身邊事務決斷的速度。雖說如此，商場上的決斷並非「就先這樣吧！」來決定的，因此一開始先從個人身邊的事務開始練習做起，是較為可行的吧！

例如，今天的午餐要吃什麼呢？

在午休這種稍微放鬆的氣氛中，思考「要吃什麼呢？」也是愉快的時間。但這也是為了學習決斷力的一種訓練。「在搭電梯抵達一樓之前，就決定好去吃哪家店」、「到店裡之後一分鐘內就要點菜」等，給自己訂下規則吧！

若是每天持續，即使只是這樣的小事，也可以充分地累積決斷的經驗。而且「決定點這個是正確的」這種小小的成功體驗，也會讓自己對本身的決斷力有自信。

絕對不要小看這些小事。

如果，連在這種小小的決斷場合下，「都遲遲無法決定」的人，或許是把決斷的這種行為本身看得太過沉重了吧！

說起來，外國的頂尖領導人不太重視午餐。

像是利用三明治或是蘋果這類一邊吃也可以一邊工作的輕食，簡單解決午餐的人也很多。或者，也有人是星期一吃義大利麵、星期二吃中華料理、星期三……以每星期來設定餐點，固定地循環。

聽說摩乃科斯證券（Monex, Inc.）的松本大，午餐選定吃蕎麥麵。能夠立即食用、營養價值高的蕎麥麵，也是頂尖領導人們喜愛的菜單。

這也就是說，人生中不需要煩惱的決斷也很多。

認知到失敗，也是邁向成功的必經路程

頂尖領導人知道，從經驗上來看「不管做什麼事，（自己）不會陷入無法挽救的地步」。因此，就連非常重大的決斷，也好像都以超乎我們所想的輕鬆態度去做決定。

另外，因為他們擁有「這個失敗也是邁向成功的過程」、「是必要的經驗」這種正向思考，因此即使結果是造成數十億日圓的損失，也不會太過於沮喪。而這同樣也是視思維而定。

並且，「立刻就能夠挽救回來」這種對自己的自信，以及美好的人生最終目標的願景，都無時無刻地支持著他們。

如果了解這點，制定出「猶豫的時候就選蕎麥麵」這樣屬於自己的規則，也是一種方法。年紀尚輕的人，若是覺得「這個人說的話可以相信」，就請對方成為自己的導師，在工作或人生的抉擇上感到迷惘的時候就找對方商量，給

自己訂出這樣的規則也是不錯的吧！

鍛鍊決斷力，從煩惱中解脫，就會有更多能自由運用的時間。

提升效率的六種時間術——❸

給自己施加「期限效果」的壓力，把會議時間減半

不以工作應該要做仔細當藉口

為了能有自由運用的時間，提升工作的效率是不可避免的課題。「追究工作花費太多時間的原因」、「不做徒勞無益的事」，嘗試去做這些合乎邏輯的方式後，接下來在也可以稱為時間的「體能」上試試看稍微強硬一點的方式。想像給自己施加壓力，給工作時間做肌肉鍛鍊。

具體而言，是給所有的工作都設定短的「期限」，讓自己在這段時間內完成工作的簡單練習。

我敢斷言，「工作應該要仔細去做」、「花費的時間愈久才愈能夠將工作做好」，這些都是工作慢的人的藉口，是自以為如此的想法。至少，頂尖領導人是這麼認為的。

就連最需要發揮靈感及品味的創造性的職業，與新人相比，有經驗的創作者較能夠在短時間內創作出好的作品。再者，有人氣的創作者，以同樣的時間可以做好幾倍更多的工作。

也就是說，「我的工作並不是簡單就能夠加快速度之類的工作（所以我慢慢地花時間去做也無妨）」這種話是藉口。不論是何種領域的何種工作，都可以在維持品質的狀況下提升效率。

反之，花費時間去做精密度高的工作是理所當然的。也可以說，在決定好的「〇分鐘」、「〇個星期」的期限內，能夠做出最佳成果的人，是「真正會做事的人」吧！

讓煩惱是浪費時間的意識滲透進去

最初從「十五分鐘內寫好報告書」等，這類自己可以獨自完成的工作開始挑戰。可以使用計時器或碼表嚴密地計時，來練習讓自己務必在這段時間內完成工作。

也許一開始的完成度會比平時還要低，但是這就像肌肉鍛鍊一樣。雖然成果沒有立即顯現出來，但是幾天後、幾個月後，一定能夠以超過目前為止的速度，完成品質很好的工作。所以不必忽喜忽憂，多嘗試幾次看看。

接下來，利用除了自己以外也關係到他人的工作，例如打電話或向上司報告等來練習。這會因為有對方的存在，而比剛剛的稍微麻煩一些。也許會由於自己不論多麼條理分明地說明，對方還是無法理解，或是對於預料外的問題感到棘手，而無法按照自己所想的去做。

即便如此，因為意識到要提升效率，所以會察覺到例如「先以電子郵件將某種程度的資訊寄送過去之後再打電話，會比平常更順利地將事情說明清楚」、「一大早上司在時間上的空閒較多，因此要去追根究柢的事也會增加，所以在下午一開始忙碌的時候去報告比較好」之類的事。而察覺到這些事，比其他任何事都還要重要。

最後是集體研討會或會議這類多數人參與的工作。例如平常要花費六十分鐘的會議，試著毅然決然地將其設定成三十分鐘看看吧！

再說一次，頂尖領導人認為「即使再怎麼煩惱結果也是一樣」。若是沒有辦法簡單地說出「GO」，就表示還有必須深入檢討之處。如果已經處理了這一部分，卻還是沒有結論，就表示或許現在並不是提出「GO」的時候。

不管怎麼說，煩惱是浪費時間。將這個非常合乎常理的思考方式也滲透給周圍的人，若是全部人員都有這點共識，會議效率的提升就會變得更加容易了。

領導人在規定的時間內也能夠有最精彩的談話

因為頂尖領導人全都是有時間意識的人，因此對於在規定的「〇分鐘」內，將工作完成是非常拿手的事。

例如，在採訪非常忙碌的頂尖領導人時，很多時候只能有短短「十五分鐘」

的時間。但是即使如此，他們也能夠準確地將談話控制在這段時間內，並且讓我感受到「聽到了不得了的資訊」。他們不會以「沒有時間」為藉口，會確實地滿足我的要求。

在聚會等場合上，經常會看到在規定的「三分鐘」內介紹有起承轉合的小故事，而確實地炒熱現場氣氛的頂尖領導人的身影。他們也是娛樂表演者。當然，幾乎沒有人超出時間。

很可惜地，關於說話能力，外國的頂尖領導人比較高，而日本的頂尖領導人是落後的情況。因此，在結婚典禮等場合上經常會有「大人物」的致詞大幅地超時，讓人不耐「到底要等到何時才能舉杯乾杯呢？」各位也有過這樣的經驗吧！

外國的頂尖領導人多數在學生時代有過辯論的經驗，親身學習到「如何在短時間內讓對方理解、接受自己的主張」的重要性。而這樣的經驗對於在致詞或做簡報的場合上，也是有助益。

提升效率的六種時間術——❹

熟記重要資訊，進入「即戰力」狀態

只要手邊的資訊夠多，任何話題都可以融入

加快工作的初速，也是向頂尖領導人學習的時間術之一。他們會熟記重要的資訊，因此即使有突然深入的問題，也能當場立即回答。熟記必要的資訊還有一個好處，是可以省去找資料的時間。

在做簡報或是商談時，配合「就是這一點」的重點時機來做準備，是一般人會做的事。即使不做特別的準備就能夠切入（工作上的）戰鬥模式，是頂尖領導人與一般人不同的地方。他們總是讓自己處於備戰狀態。

所需要的知識會因業界的不同而有所差異，但是例如主要國家過去幾年的GDP或國際競爭力排名，自己工作的企業、客戶企業的淨利等，都是做為一名商業人士所一定要先記住的資訊。

另外，像雷曼風暴（Lehman Shock）之類，在世界經濟上被視為重要的話題，

以及之後股價的變動等，若是有事先了解，在與人的談話上都會有助益。即使經濟的話題沒有繼續延續下去，但是像「因為〇〇，所以這家企業正伺機要進入中國發展」、「〇美金大概是我們公司的五倍淨利」等，諸如此類的知識愈多，稍加推理就愈能夠掌握談話內容的全貌。

世界的一流企業以費米推論法測試「即戰力」

說一點題外話，像是麥肯錫（McKinsey & Company）和谷歌等企業的徵才考題中，出了很多題「費米推論法（Fermi estimate）的問題」。

「全美國有多少人孔蓋？」

「你現在的年紀在世界上是排名第幾位呢？」

之類的問題很有名，各位可能也都看過了吧！雖然這麼說，但是費米推論法的問題都是些讓人摸不著頭緒的內容，所以也有人會想「透過解答這種問題，是想要測試自己什麼呢」？

事實上，這樣的問題並沒有正確答案。

但是，透過回答這種出奇的問題，可以測試各位手邊擁有多少資訊，而利用這些資訊能夠如何應付摸不著頭緒的問題呢？這種所謂「即戰力」的部分。

雖然沒有正確答案，不過若事先有世界人口和面積等資訊，經由計算後，就可以推導出「接近正解的數字」。

也有企業認為「這一位能從特殊的資訊引導出答案」等，來評價應試者有意思的分析觀點。果然，世界一流的企業追求的是「頭腦總是保持即戰力模式的人」。

現今是在網路上搜尋就能夠立刻找出任何資訊的時代。就是因為如此地便利，也容易讓人在不自覺中忘記「去記住」的重要性。只是，將資訊記在自己的腦中，和「去查就知道」的情況，是天差地遠的事。考量到為了一一去查詢所造成時間上的浪費，養成盡可能地將資訊記住的習慣是沒有損失的。

雖說沒有必要辛苦地去記只有偶爾才會用到的資訊，但至少正在進行的專案重點數字，不要依賴資料而是將其記在自己的腦中吧！

讓人想要筆記下來的竹中平藏之閒談

手邊資訊很多的頂尖領導人，每一個都是閒聊的達人。一跟他們說話，常常會對他們豐富的知識感到驚訝。

提到閒聊的達人我最先想到的，是經濟學家竹中平藏。他每次都會說出一些饒富深意的話，讓人忍不住想要筆記下來。而且，因為他所說的都是將自身的經驗結合對社會情勢的分析，因此讓人有更進一步的發現。

例如，聽到竹中先生說：「在大學裡遇到了說這一番話的學生。因為今後是考驗○○的時代，因此這樣的小孩長大之後，就會變成這樣的社會吧！」可以知道其實在身邊就有解讀未來的暗示，經常讓我茅塞頓開。

也許是因為教授的職業身分，讓他並不只是說話者這一方，「你怎麼認為呢？」也會去詢問他人的意見，擅長毫無遺漏地讓團體中的每一位都可以「輪流」發言的技巧，也是竹中先生的特色。並不只是「聆聽珍貴的談話」，自己也加入議論的這種感覺，會讓所有在場的人都有充實感。

投資大師吉姆．羅傑斯也是一位有「美國版竹中平藏」之稱的精彩話題提供者。一般只有在採訪時才會說到的有關市場分析，也都不吝分享，做為一名新聞工作者甚至會覺得「好希望這番話是在現場實況轉播時說喔」。

不過，一旦這麼偉大的人物提供了這樣程度的資訊，其他不管是誰也都會開始披露自己所珍藏的資訊。

增加手邊的資訊，從這裡成為能夠加入自我分析的「閒談達人」後，很自然地高精密的資訊蒐集良好循環就會產生。

提升效率的六種時間術——❺

利用視覺掌控行程，將時間徹底地「可視化」

用的不是數位手錶而是懷錶

如同各位所知道的，時間是眼睛看不見的存在。但是，頂尖領導人卻能夠看到時間。

雖說如此，但並不是指他們擁有超能力。而是只要花一點心思，就可以將原本看不見的「時間」視覺化地去捕捉它的存在。

很多頂尖領導人是請祕書等人在雲端管理行事曆。因為他們的行程也會影響到部下的行程，因此用任何人都可以方便連結的形式來共享行事曆。

不過，有別於此，頂尖領導人幾乎人人都有一本手寫形式的「行事曆筆記本」。依照工作的不同，有人使用的是能夠看一整個月分的每月樣式，也有人想要掌握一整年的進度，而隨身攜帶折疊式的整年度月曆。

相反地，也有人自製將一天以二十四小時表示出來的時間行事曆。畫一個像指針款鐘錶般的圓圈，形狀有一些特別，用眼睛看確實很容易就可確認自己在什麼事情上花費較多時間，是其特色。也有人以將二十四小時堆積起來般的感覺，從下到上以一小時為單位來劃分。

甚至，為了讓行事曆也具有「宏觀」與「微觀」的觀點，也有人將月分及每日的行事曆併用。

另外，所使用的手錶不是數位款而是指針款。喜好使用懷錶的人也大有人在。

善用能夠視覺化地感受到時間流逝的工具

這些工具的共通點是「能夠視覺化地確認時間的長度及流逝」。

他們將自己的行事曆烙印在腦中成圖像，要去記住它。

另外，他們非常重視透過看著手錶指針的移動，「體感」到「經過了十五分鐘」、「還有二十分鐘可以使用」等時間的流逝。

將日曆或鐘錶等表示時間的工具指針化，會比在數位款鐘錶或雲端上的日曆顯示出「現在是幾點」、「今天是幾號」這樣的「點」來看時間，視覺上的效果還高。這麼一來，對時間的感覺自然就會變得敏銳。

順帶一提，做為工作用的道具之一，擁有高級筆的頂尖領導人很多。在採訪時若有談及到此，就會有「就任社長時妻子送的」等美妙的插曲出現。

但是，在行事曆記事本上寫入預定計畫時，使用鉛筆或自動鉛筆的人好像很多。摩乃科斯證券的松本大也是其中一位，以前也在雜誌上曾經看過他愛用兼具原子筆和自動鉛筆功能，所謂的「多功能筆」。不是什麼特別珍貴的物品，而是連我們也都能簡單取得的一般價位的東西。是因重視實用性而選用的吧！

如果預定的計畫有所改變時，能夠擦掉重寫也是行事曆記事本使用鉛筆書寫的好處之一。不過，他們最重視的一點是，用鉛筆不會像原子筆或鋼筆那樣，即使弄濕了文字也不會糊掉。或許他們總是想像要把時間刻畫下來般地那樣在寫記事本吧！

關於日曆或是行事曆，若是跨月分的長期工作多的人使用整年度的日曆，若是短期工作多的人則是使用兩週型的日曆等，依照工作型態的不同，何種是最適合的也會不同。

一星期的開始日是星期天、還是星期一呢？這一部分，也是要將行事曆以圖像來掌握時的一項重點。

不過，以「因為一直都是使用這種樣式」這種至目前為止的習慣為優先考量，是完全沒有意義的事。因為最初所選擇的那項工具，並沒有包含要「把時間變成伙伴」這個最重要的目的。

以「視覺化（直觀地）來掌握時間」的觀點出發，重新檢視自己所使用的與「時間」有關工具吧！

利用行事曆記事本、日曆、文具用品、時鐘、手錶等，把時間「可視化」，就會容易抓住支配時間的感覺。

提升效率的六種時間術——❻

藉由在一天當中分好幾次迎接早晨，展現「最佳狀態」

不被「一天」這種時間框架所束縛

若是在任何狀況下都能夠展現出最佳狀態最好，但是不論是誰都有可能處於可以讓效率提升與無法提升的環境中。有時是因為個人的壓力讓工作無法按照自己所想的去進行，有時是由於天候、氣溫、某段時間而影響表現。

如果將這些認為是「沒辦法」而死心，那麼不管到什麼時候都無法把時間變成自己的伙伴。藉由像頂尖領導人那樣了解自己的「最佳狀態法則」，讓我們成為經常能夠做一二〇％工作的人吧！

大大地影響到表現的原因之一，可以舉出一例就是「睡眠時間」。

這一點因為每個人的情況不同而有所差異，有人如果沒有睡滿八小時就會沒有精神，但也有人只要睡三小時就夠了。首先，試著去推算出自己感覺身體狀況最佳的睡眠時間及就寢時間。

從晚上九點睡到晚上十二點，起來工作三小時後，再從凌晨三點睡到六點……也去試試看這種不規則的組合是重點。

理由是頂尖領導人中，擁有應該稱為「自我時鐘」的獨特時間軸的人很多。他們不被「一天」的這種時間框架所束縛。

若是覺得「早上的時間是效率最能夠提升，對自己而言是黃金時間」，就將短時間的睡眠分成數次排入二十四小時內。這麼一來，感覺上一天就能有好幾次的「早上」。

史帝夫．賈伯斯不睡八小時的理由

眾所周知，蘋果公司的創辦人史帝夫．賈伯斯也是因其獨特的想法，而有跟一般人不一樣的睡眠習慣。他認為睡眠＝「思考長時間停止」，對這種狀況十分憂心。

因此，聽說他不一次睡滿八小時等的睡眠，而是在一天當中將四小時的睡眠分兩次來睡。

如果頂尖領導人覺得「要寫比較長的文章時，晚上比較好」，也會先睡個午覺，儲備晚上的精神。

最近幾年，利用午睡來消除疲勞的效果受到注目，頂尖領導人中有意識地安排午睡的人也愈來愈多。依據加州大學的研究數據顯示，「九十分鐘的午睡相當於一個晚上的睡眠」，所以甚至有人真的因此刪減晚上的睡眠時間。

增加午睡時間，讓效率提升

《赫芬頓郵報》的創辦人阿瑞安娜．赫芬頓雖然沒有刪減晚上的睡眠時間，但是她對於利用午睡來提升自己效率的事非常積極。

她居然想要在公司內增設午睡專用的房間。

也許她早就知道午睡的效用了。

如同在第2章有提到過的（請參照64頁），頂尖領導人中短眠者很多。有些具有積極運動想法的人，藉由在健身房鍛鍊身體，或是利用慢跑來訓練體力，讓自己擁有「即使只有短時間的睡眠也能夠承受得住的強健體魄」。他們認為「若是將來還要再能夠繼續刪減三小時的睡眠時間，現在跑步一小時是便宜的投資」。

無視白天夜晚只按照「自我時鐘」來活動，或是極端地刪減睡眠時間的行為，對在公司上班的商業人士而言，的確可以說困難度很高。不過，還是請各位自由地去思考，摸索出可以引導自己進入最佳狀態的睡眠時間。

藉由下午剛開始的約會，讓自己贏在起跑點

飲食也會大大地影響到效率。例如「肚子餓了專注力就會中斷」的人，就

應該在一大早或是下午一開始這種與空腹絕緣的時間，來做最需要腦力的工作。若是環境許可，也可以攜帶簡單容易入口的輕食，設法讓自己不會覺得肚子餓。

相反地，吃飽時血液集中到內臟，頭腦活動力下降就會覺得想睡覺。這時，選擇不太會造成胃部負擔的水果等簡單的食物，也是一個解決方法。或者是，也可以藉由留意午餐剛過後的工作來避免效率下降。

是要先處理不需要動腦的事務工作，然後再慢慢地加快速度呢？還是要排入不能疏忽大意的約會，硬是給自己施加壓力呢？這完全因人而異。但是，很多頂尖領導人都會將繁重的工作安排在效率容易下降的時段裡，讓自己贏在起跑點。

職場環境影響工作效率

工作的場所及時段也很重要。

比如說，有人是在咖啡廳喝茶的放鬆時間裡，靈感比較容易浮現，但也有人是把事情帶回家在早上工作效率比較好。

當然，我想在企業上班的商業人士在這點上，多數無法自由地選擇，但是最近發現辦公室環境會影響到職員的表現，而在專用的辦公桌外再設置比較不拘束的工作空間的企業也增加不少。

一樣是在公司裡，但是我們可以改變工作的環境。

改變會議的場所，也有可能讓商談更加活絡，不是嗎？並且，在工作遇到瓶頸的時候，也能夠稍微充電一下。

導入彈性上下班時間制，讓員工可以選擇上班時段的企業也在增加。

雖說這些改變目前還是多集中在有合理思考方式的經營陣容的ＩＴ企業，不過若是這樣的企業有成效出現，應該就會有其他企業檢討引進。能夠更有效地使用時間的商業人士也會增加。

為了讓最佳狀態不是只有「偶然」才出現，利用嘗試錯誤法去探索成功的法則吧！

了解自己，是把時間變成伙伴的最有效率的捷徑。

〔專欄〕睡眠的習慣

負面的事在當天就消化掉——就寢前的正向思考

頂尖領導人總是正向思考。即使是事業失敗的時候或是艱辛的時候，也不會向周遭的人抱怨。他們也不會說出「已經不行了」這種消極的話，像是家人或部下聽到自己失敗的事實會一起沮喪的人，絕對不會向他們表現出脆弱的一面。我想，他們是擔心一跟他們商量之後，支持自己的「周圍的力量」會變弱。

說到「積極正向的人」，我第一個想到的是SAWAKAMI投信的創辦人澤上篤人。在九〇年代後半所掀起的「SAWAKAMI熱潮」中，我想還有人記得他獨特的說話語調，不過那並不是表演出來的，而是「本性」，這一點是他厲害之處。實際見到他本人，他真的是一位「徹底積極正向」的人。即使是在自家公司所投資的商品價格暴跌的時候，他還大聲笑說：「沒關係！沒關係！」

煩惱是最浪費時間的事。這讓我知道不嚴肅的正面思考，對管理眾人的頂尖者而言，果真是必要的資質。

那麼，他們是如何抑制消極的情緒，維持正面的思考呢？他們巧妙地利用睡眠來切換情緒。所謂的睡眠，是頭腦及身體為了從疲勞中恢復所不可或缺的。品質好的睡眠可以分解壓力荷爾蒙，能夠讓自己在翌日的早晨舒暢地醒來。

雖說如此，抱著壓力入睡也無法睡得安穩。這麼一來，會影響到翌日的效率，而產生惡性循環。

因此，不管有多麼討厭的事，在進入睡覺的階段時，將這些全部都轉變成正面，告訴自己「今天也是美好的一天！」的人似乎不少。然後想起自己人生的最終願景，去設定幾個翌日想達成的目標。也有頂尖領導人要入睡時去想的不是所遇到的「問題」，而是需要改善方案的案件（事實上是同樣的一件事，不過是以負面的態度，還是以正面的態度去面對有很大的差異）。如此一來，不僅在翌日的早晨能夠舒暢地醒來、睡覺時在腦內得以整理資訊，有時為了解決事情所需要的點子也會湧現出來。

負面的事在當天消化掉後再入睡，各位也試著將這變成習慣吧！

結語

我之所以對頂尖領導人的時間使用方式有興趣，是因為連每一分鐘每一秒鐘的行程都安排自如的他們，卻一點也不急躁忙碌感到不可思議。

要怎麼做才能以悠然的態度去自在地掌控這樣的行程安排呢？

當時總是被時間追著跑的我，每次在與他們見面時都會觀察他們，有時也請教他們的祕訣。

即使只有一點點也好，想要學習他們的技巧，然後活用在自己的生活中。

事實上，我是為了自己而開始蒐集資訊的。

我最初採取的時間術，是去摸索自己的最佳狀態。自己在什麼時候身體容易不舒服？要睡幾小時身體狀況較佳？在這之前的我，是「以精力來決勝負」派，用「自己的身體狀態去配合工作」這種輕率的做法來安排行程。

當然，就曾經把身體搞壞而臥床過，也曾因為這樣浪費許多時間。即使是想用精力來挺過去，也是有極限的。

並且，摸索自己的身體狀況後，就知道自己睡六個鐘頭是最適當的。少於這個時間就容易疲倦，睡超過這個時間，早上要花很多時間才能讓頭腦清醒。

當然，即便知道了自己的最佳狀態，也並非就都可以睡六個鐘頭。因為工作的關係或是小孩的事，也有不太能夠好好睡覺的日子。不過，若是有「六個鐘頭」這個標準，就可以視時機睡個簡短的午覺，或是稍微早一點將工作告一段落，讓自己不要有在效率降低的狀態下還繼續工作這樣的舉動出現。所謂自在地運用時間，也許就是要了解自己，若是有「辦不到就是辦不到」這種程度的事就要死心。

對於為了買時間而做的行為不再有罪惡感，也是因為頂尖領導人的關係。

例如要到錄影現場是要坐電車，還是坐計程車呢？

若是覺得「很浪費錢」的時候，當然是選擇坐電車，但是坐計程車有許多好處。不但可以安穩地看資料，若是抵達現場前的時間充裕，還能夠調整好精神狀態來面對錄影。

相反地，若是我急急忙忙地趕到，一定會把焦躁傳給其他工作人員，「谷本小姐，沒有問題嗎？」讓他們感到不安。不只是錄影，有很多工作是在與自己以外的人互動中進行的。調整好狀態，不僅是為了自己而做，在某種意義上是商業禮儀的基本。

這麼想的話，搭乘計程車是為了提高效率所需要的投資。因為擁有了「投資在時間上」的這種意識，因此對自己的選擇就不需要再找藉口了。

以工作是否能順利地進行這樣的觀點來選擇咖啡廳，也是受到頂尖領導人的影響。

這是我採訪同一名人士好幾次之後所發覺到的，就是他每次都指定同一家會員制的高級酒吧做為受訪的場所。而且，所點的東西每次都一樣。

既然是會員制的高級酒吧，客人是有限制的，因此在這裡受訪就不用去在意其他人的眼光。員工也都是熟悉的人，一切都可以順利地進行。雖然價格稍微有些昂貴是事實，但是如果對自己有自信，認為「自己的時間的價值高」，這可以說是一個CP值高的選擇吧！若是這類的場所有幾家能夠放在口袋名單中，就不用浪費時間去「尋找」與「煩惱」了。

我並沒有去會員制的高級酒吧，但是我現在也會放幾家在市內「雖然一杯的價錢稍貴，但是卻可以靜下來工作的咖啡廳」在口袋名單內。比起在一般價格的咖啡廳工作起來，效率確實有提升，並且因為氣氛良好，所以雖然是在工作卻能有充電的感覺。這是其他都難以替代的好處。

有了小孩之後，更加體認到要「一心多用」。例如，在做簡單的家事時一邊看工作上需要的VTR，上網訂購書籍的時候順便訂購家裡需要的消耗品。在用電腦工作的時候，需要集中精神寫稿時就將電子郵件的彈跳視窗關閉，但是若只是在查資料不需要那麼專注的時候，就會將螢幕的左半邊開成郵件視窗，右半邊開成搜尋視窗，在回覆郵件的同時也查資料。

另外，在採訪之前常常需要閱讀採訪對象的書籍，但是在怎麼樣都抽不出時間的時候，就會去購買同樣主題的演講CD，不是經由閱讀，而是利用「聽」來做採訪的準備。

這也是我意識到一心多用之後所發現到的，就是當我們在做不太需要專注力的事情時，在很高的比率上「耳朵」是空閒的。因此，在早上準備出門的時候，或是在做家事的時候，還有在搭乘交通工具的時候等，在各種時候分段聽CD，來完成採訪的準備工作。

再重複一次，最重要的是「面對時間」的心態。然後，去玩味、去享受、去用盡眼前的每一瞬間。充實的時間累積下來之後，就會有一些的成果出現，我們的人生就會變得更加充實。

不是被時間支配，而是意識到時間並與它共進。這就是頂尖領導人的時間術。各位將這本書所介紹的技巧當成武器，讓工作及人生都變得值得去歌頌。

谷本有香

你怎麼看待時間，決定你成為哪種人：1000位世界頂尖領導人的時間觀
世界トップリーダー1000人が実践する時間術

作　　者——谷本有香
譯　　者——黃瑋瑋
封面設計——張　巖
內文設計——呂德芬
內文編排——林鳳鳳
執行編輯——劉素芬
責任編輯——劉文駿
行銷業務——王綬晨、邱紹溢
行銷企劃——曾志傑、劉文雅
副總編輯——張海靜
總 編 輯——王思迅
發 行 人——蘇拾平
出　　版——如果出版
發　　行——大雁出版基地
地　　址——台北市松山區復興北路333號11樓之4
電　　話——（02）2718-2001
傳　　真——（02）2718-1258
讀者傳真服務—（02）2718-1258
讀者服務 E-mail— andbooks@andbooks.com.tw
劃撥帳號 19983379
戶　　名 大雁文化事業股份有限公司
出版日期 2022年7月 再版
定　　價 300元
ISBN 978-626-7045-42-8

國家圖書館出版品預行編目資料

你怎麼看待時間，決定你成為哪種人：1000位世界頂尖領導人的時間觀／谷本有香著；黃瑋瑋譯. – 再版. – 臺北市：如果出版：大雁出版基地發行, 2022. 07
面；公分
譯自：世界トップリーダー1000人が実践する時間術
ISBN 978-626-7045-42-8（平裝）

1. 時間管理　2. 工作效率

494.01　　111009989

如果